みんなの
Arduino
入門

高本 孝頼 著

リックテレコム

ソースコードの入手先とサポートサイトについて

本書に掲載しているスケッチ（プログラム）のソースコードは、次のサイトからダウンロードして利用できます。

http://www.ric.co.jp/book/

上記サイトの左欄「総合案内」→「データダウンロード」をたどって、該当するzipファイルをダウンロードしてください。なお、ダウンロードにはIDとパスワードを入力する必要があります。

IDとパスワードは次の通りになります。

ID：**ric9481**　　パスワード：**ard9481**

また、本書の内容の補足やアップデート情報につきましては下記のサイトを参照ください。

http://www.ric.co.jp/book/contents/pdfs/948_support.pdf

［本書を利用するにあたって］

1. 本書は、著者が独自に調査した結果を出版したものです。

2. 本書を利用する際、読者の皆様の安全は自らの責任で確保してください。本書では、電気器具を用いた様々な電子工作について解説していますが、読者の皆様が同様の作業を行う場合、適切な機材と保護具を使用することと、ご自分の技能・経験や環境を適切に判断なさるということを前提としています。工具や電気器具など各種工作作業で使用する部材は、適切に扱わなかったり、保護具を使用しない場合には、危険を及ぼすことがありますので、取扱いには十分気を付けて作業を行うようにしてください。また解説に使用している写真、図は、手順をよりわかりやすくするため、安全のために必要な準備や保護具を省略している場合がありますのでご了承ください。
本書に基づいて行われた作業やその成果物がもたらす影響については、上記にかかわらず責任を負いかねますので、あらかじめご了承ください。

3. 本書は万全を期して作成しましたが、万一ご不審な点や誤り、記載漏れなどお気づきの点がありましたら、出版元まで書面にてご連絡ください。

4. 本書の内容は、2013年12月の執筆時点のものです。本書で紹介したソフトウェアの内容に関しては将来予告なしに変更されることがあります。

5. 本書は、以下の環境で動作確認を行いました。

　　　Windows 8 Home Edition 64bit
　　　Arduino 1.0.5

［商　標］

本文中に記載されている会社名、製品名、サービス名などは、一般に各社の商標、登録商標または商品名です。なお、本文中に™マーク、®マークは、原則として明記しておりません。

はじめに

　本書は、電子・電気が専門ではない人たちでも、簡単に、短期間で、オープンソースハードウェアであるArduinoでのモノづくりの世界を知ってもらうために執筆しました。

　私が、Arduinoを知ったのは、2011年の1月、とある勉強会で紹介していただいたのがきっかけです。安価で、簡単にセンサーなどを使いこなせると聞き、すぐその日にネットから購入し、使い始めました。その後、参考となる書籍もいろいろと揃え、多くの電子部品を買ってきては、つなぎ合わせて試したりしました。この時点で本当に、驚くほど、短時間で、思ったようなモノづくりができることがわかってきました。しかも、高度なジャイロセンサーや3軸加速度センサーも使いこなすことができ、ワクワクする感覚が身体の中に生まれてきました。

　ところでここ数年、オープンハードウェアの概念は、世界的に広がりはじめ、教育だけではなく、DIYの領域まで広がり、さらにビジネス業界でも使われるものとなってきました。このことは、2012年に刊行された、「MAKERS」（クリス・アンダーソン著・NHK出版）という書籍が話題となり、一種の社会現象まで発展し、米国のオバマ大統領も影響を受け「3Dプリンター」の普及を提唱し、個々人のモノづくりが簡単にできる「第3次産業革命」までのムーブメントを起こしたのは、記憶に新しいところでもあります。

　今回、この本をまとめるにあたっては、回路図をなくし、ケーブルによる配線は少なくし、さらに動かすプログラミング（スケッチ）も短いものとして気を配りました。このことで、電子・電気以外の人たちでも、場合によっては小中学生でも、Arduinoを使いこなせればと思っています。これまでにない、Arduinoファンの裾野を広げるためにまとめたものともいえます。

　以前、私の尊敬する方から、「システムとは何だ」ということを教えてもらいました。答えとして「システムとは、入力と出力、それに処理の機能をもったものだ」と知りました。この簡単明瞭なことが、ずっと私の脳裏に焼き付いていて、システムを開発する際の基本となっています。Arduinoを使ってシステムを組み立てるとき、センサー類が「入力」となり、LEDやLCD（液晶ディスプレイ）、スピーカなどが「出力」となって、それをつなぎ合わせる「処理」がプログラミングということを理解して取り組んでいます。この本での基本的な考えも、この「システム＝入力＋処理＋出力」をいうことを述べ、

いち早くArduinoが理解できるように工夫しました。

　また本書は、基本的なArduinoのプログラミング技術をまとめたものですが、いくつかのテクニックについても取り込んでいます。これらのテクニックは、組込み系として学習するときや、情報系として学ぶ人たち、それに建築などの環境系などを学ぶ人たちや、芸術系でのLEDなどを制御するなどの人たちにも、いろいろと幅位広く応用できる技術も含ませています。

　ぜひとも、この本の中から、自らの頭脳を活性化し、高度な技術開発でのモノづくりの第一歩としてご利用いただけましたらと思っています。

　今回、この本を執筆するに当たり、以下の先生方より貴重なご意見等を伺って参りました。ここに感謝申し上げます。

株式会社構造計画研究所	大黒　篤	様
拓殖大学工学部	前山 利幸	先生
東京都立小石川中等教育学校	天良 和男	先生
東京都立総合工科高校	平林 君敏	先生
木更津工業高等専門学校	泉　源	先生
福島県立会津工業高等学校	渡邊　豊	先生

　それから、現在、私が従事しているNPO法人3Gシールドアライアンスでご支援いただいています秋葉正一様と大日方正彦様にも、いろいろと有益な情報をいただきましたことに感謝申し上げます。

　その他、本書の出版にあたり、ご指導をいただきましたリックテレコム社の新関卓哉氏と蒲生達佳氏にも御礼申し上げます。本のタイトルに関しましては、二転三転とした経緯がありましたが、新関氏からの納得いくご説明で、「みんなのArduino入門」ということに決まったことも嬉しい限りです。

　最後に、この本を執筆していくなかで、日本におけるArduinoの先駆者として尊敬し、また日頃から貴重なご意見をいただいております、情報科学芸術大学院大学（IAMAS）の小林茂先生と、スイッチサイエンス社の金本茂社長に、心から御礼申し上げます。

平成26年2月

高本 孝頼

> この本を執筆するにあたり、家族の支えがあったことも記載しておきます。
> 妻の正美、長女の南、次女の佳愛、長男の聖平、ありがとう。

目次 CONTENTS

第Ⅰ部　準備編

第1章　Arduinoってどんなもの？

- 1.1　Arduinoの誕生と背景 4
- 1.2　Arduinoとは 6
  - (1) Arduinoと統合開発環境(IDE)を知る 6
  - (2) Arduinoで何ができるか 7
  - (3) Arduinoマイコンボードのファミリーについて 8
  - (4) Arduinoの拡張性について 9
  - (5) オープンソースハードウェアとArduinoの普及について 10
  - (6) 新たなモノづくりの変革(イノベーション) 11
- 1.3　Arduinoの特長 12
- 1.4　Arduinoの機能 13
  - (1) Arduinoのマイコンボード 13
  - (2) Arduinoのインタフェース 14
- 1.5　Arduinoの準備 16
  - (1) 準備すべきArduino関連電子部品 16
  - (2) PC上の統合開発環境(IDE)構築 17
  - (3) その他知っておくべきもの(知識・情報) 18
- 1.6　統合開発環境(IDE)の準備 18
  - (1) 統合開発環境(IDE)のダウンロード 19
  - (2) IDEのインストール 20
  - (3) IDEの画面メニューの紹介 21
  - (4) PCとArduinoの接続のためのドライバ設定とその確認 24
- 1.7　Arduinoを効率よく学ぶ 25
  - (1) Arduinoをシステムとして理解する 26
  - (2) Arduinoを学ぶ2ステップ 27
  - (3) Arduinoの使い方手順 28
  - (4) 学びを加速化させるために 29
  - (5) Arduinoを早く覚えるには 29

第2章 Arduinoを動かしてみよう

- 2.1 PCとArduinoとのUSBケーブル接続確認と注意事項 32
- 2.2 サンプル・スケッチを動かしてみよう 33
  - (1) スケッチの作成(サンプル・スケッチの読み込み) 33
  - (2) Arduinoの実行(コンパイルとスケッチ書込み、実行) 35
  - (3) ステップアップ1「サンプル・スケッチを理解してみよう」 36
  - (4) ステップアップ2「サンプル・スケッチを変更してみる」 40
- 2.3 PCとArduino間のシリアル通信(シリアルモニタ表示) 41
  - (1) スケッチの入力 42
  - (2) シリアル通信の活用 44
- 2.4 ブレッドボードとジャンパワイヤを使ってみよう 44
  - (1) ブレッドボードの仕組みを知ろう 44
  - (2) ブレッドボードを利用してスケッチを動かしてみよう 45
- 2.5 アナログ・デジタル入出力とシリアル通信を知る 46
  - (1) アナログ入出力 47
  - (2) デジタル入出力 47
  - (3) シリアル通信機能 48

第3章 プログラミングの基本を知ろう

- 3.1 はじめに知っておくべきこと 50
  - (1) どういう仕組みでArduinoを動かすか 50
  - (2) プログラムとコンパイル・ダウンロード 51
  - (3) デバッグを含むトラブルシューティングについて 52
- 3.2 C言語の基本的な決まりごとを知ろう 53
  - (1) 空白の扱い 53
  - (2) コメントの記述 54
  - (3) 数値定数 54
  - (4) 型宣言 54
  - (5) 文字列と文字 55
  - (6) 識別子とキーワード 55
  - (7) 式と演算子(オペレータ) 57
  - (8) 文(ステートメント)と処理群 58
  - (9) 関数 58
  - (10) プリプロセッサ 58
- 3.3 変数を使ってみよう 59
  - (1) 変数を使ってみる 59

(2) 計算式や制御文を使って変数を変えてみる 60
　　　(3) プリプロセッサを使った変数設定 62
　　　(4) constとstaticの変数を知る 62
　　　(5) 変数の範囲とメモリーサイズを知る 63
　　　(6) 型変換キャストを知る 63
　　　(7) グローバル変数とローカル変数の活用範囲(スコープ)を知る 64
　　3.4　制御文を知ろう 64
　　　(1) 「判断」と「繰り返し」 64
　　　(2) 変化を判断する(if－else制御文) 65
　　　(3) 変数や値による分岐を整理(switch－case制御文) 66
　　　(4) 変数で繰り返してみる(for制御文) 67
　　　(5) 条件で繰り返してみる(while制御文とdo－while制御文) 68
　　　(6) break文の利用 70
　　　(7) プログラムの流れを考える(アルゴリズム) 70
　　3.5　関数を使ってみよう 71
　　　(1) 関数とは 71
　　　(2) void型の引数と戻り値 72
　　　(3) 再起呼び出しを知ろう 72
　　　(4) 知っておきたい外部関数群 73
　　3.6　よく使うものを知っておこう 73
　　　(1) 配列 73
　　　(2) 構造体 73
　　　(3) 文字・文字列関数 74
　　　(4) 時間制御関数 75
　　　(5) Arduinoのsetupとloop関数と標準C言語のmain関数の関係 75
　　　(6) 困ったときにどうするか 76

第Ⅱ部　基礎編

第4章　入力部品を使いこなそう

　　4.1　アナログとデジタルの入力系を知る 80
　　　(1) アナログ入力の関数 81
　　　(2) デジタル入力の関数 82
　　　(3) デジタル入力でのプルアップ抵抗について 82
　　4.2　アナログ入力(可変抵抗器と電圧測定)を知る 84
　　　(1) 可変抵抗器とその配線 84
　　　(2) 可変抵抗器を使うスケッチの作成 85
　　　(3) 乾電池(バッテリ)の電圧測定 86
　　　(4) 変換式に便利なmap関数を知る 87

4.3　デジタル入力(タクトスイッチとチルトセンサー) を知る 89
　　(1) タクトスイッチの使い方 89
　　(2) Arduino上の配線 90
　　(3) タクトスケッチを使ったスケッチの作成 90
　　(4) チルトセンサー(傾斜センサー) を使いこなす 93
　　(5) チルトセンサーを使った配線 94
　　(6) チルトセンサーを使ったスケッチ 95
　　(7) チルトセンサーを使った電源切り替え 95

第5章　出力部品を使いこなそう

5.1　デジタルとアナログの出力系を知る 98
　　(1) アナログ出力の関数 99
　　(2) デジタル出力の関数 100

5.2　PWMによるアナログ出力(LEDと圧電スピーカの制御) を知る .. 100
　　(1) PWM(Pulse Width Modulation：パルス幅変調) とは 100
　　(2) PWM制御によるLEDと抵抗の配線 101
　　(3) PWM制御によるLED点灯のスケッチ 102
　　(4) PWM制御による圧電スピーカの利用 103

5.3　デジタル出力によるLEDの制御 105
　　(1) LEDのデジタル出力の配線 105
　　(2) LEDの点滅を早める 105
　　(3) LEDの明るさについて 106
　　(4) LEDの明るさを変化させる 107

5.4　デジタル出力による圧電スピーカの制御 108
　　(1) デジタル制御によるスピーカ音の発生 108
　　(2) デジタル制御によるスピーカの音階 109
　　(3) tone関数を使ったスピーカの音階 111

5.5　モータ(ファン) をアナログ出力で動かす 112
　　(1) 小型DCファンを動かしてみる 113
　　(2) 可変抵抗でファンを制御してみる 114
　　▶ティップス(参考)：システム変数の値は何か 115

第Ⅲ部　ステップアップ編

第6章　高度な入力出力部品を使ってみよう

6.1　温度センサー(アナログ) を使ってみよう 120
　　(1) つないでみる 120

　　　　(2) スケッチを作成する 121
　　　　(3) 動かしてみる 122
　　　　(4) デジタル入力ピンの電源とGNDのテクニック 123
　　　　(5) ポイントを理解する 124

　　6.2　**光センサー（アナログ）を使ってみよう** **126**
　　　　(1) つないでみる 126
　　　　(2) スケッチを作成する 126
　　　　(3) 動かしてみる 127
　　　　(4) 変更してみる 128
　　　　(5) ポイントを理解する 128

　　6.3　**加速度センサー（アナログ）を使ってみよう** **130**
　　　　(1) つないでみる 130
　　　　(2) スケッチを作成する 131
　　　　(3) 動かしてみる 131
　　　　(4) 変更してみる 132
　　　　(5) ポイントを理解する 132

　　6.4　**超音波距離センサー（デジタル）を使ってみよう** **132**
　　　　(1) 超音波距離センサーとは 133
　　　　(2) 超音波センサーをつないでみる 134
　　　　(3) スケッチを作成してみる 135
　　　　(4) 動かしてみよう 137
　　　　(5) ポイントを理解する 137

　　6.5　**赤外線距離センサー（アナログ）を使ってみよう** **138**
　　　　(1) 赤外線距離センサーの仕組みを知る 139
　　　　(2) 配線してみる 139
　　　　(3) スケッチしてみる 139
　　　　(4) 動かしてみる 141
　　　　(5) 変更してみる 141
　　　　(6) ポイントを理解する 142

　　6.6　**液晶ディスプレイ（LCD）を使ってみよう** **143**
　　　　(1) つないでみよう 144
　　　　(2) スケッチを作成してみよう 145
　　　　(3) 動かしてみよう 146
　　　　(4) 応用してみよう 147
　　　　(5) ポイントを理解する 149
　　　　▶付録「I2C_LCD.ino関数ライブラリ」 150

第7章　ちょっとしたティップス

　　7.1　**タイマー機能を使う** **154**

(1) タイマー機能とは 154
　　　(2) 一定間隔のセンサー値の取得 155
　　　(3) タイマー機能の応用 156
　7.2　**複数スケッチによるタブ画面を使う** **158**
　　　(1) タブ画面の設定 158
　　　(2) タブ画面での編集作業 160
　　　(3) タブ画面を使ったコンパイルおよび保存フォルダの選択 160
　7.3　**不揮発性メモリー EEPROM を使う** **160**
　　　(1) EEPROMの機能について 160
　　　(2) EEPROMの使い方 161
　　　(3) EEPROMの注意点 162
　7.4　**割込み機能を使う** **162**
　　　(1) Arduinoの割込み処理とは 162
　　　(2) 割込み処理を使ったサンプル・スケッチ 163
　7.5　**シリアル通信機能を使う** **164**
　　　(1) シリアル通信関係の関数 165
　　　(2) 2つのArduinoでシリアル通信を実現 166
　　　(3) 2つのArduinoのスケッチ 167
　　　(4) PC上のキーボードからArduinoへのデータ送信 168
　7.6　**知ってて得するArduino情報** **170**
　　　(1) Arduinoリファレンスについて 170
　　　(2) トラブルシューティングについて 171
　　　(3) 新たなセンサー類や電子部品の利用について 171
　　　(4) 新たな電子部品の購入について 172

付録

付録1　この本で扱った電子部品(教材キット) **174**
付録2　この本で扱った電子部品のスケッチ利用まとめ(早見表) **175**
付録3　TABシールドの紹介 **176**
付録4　Arduino関連情報サイト **177**

　　　索引 179

第Ⅰ部 準備編

この準備編では、Arduinoについての基本的な知識や動かし方、および使うにあたっての事前の準備について、紹介していきます。

　Arduinoについてある程度の知識がある方であれば、読み飛ばしてもかまいません。ここでのポイントは、いかに簡単にArduinoを学ぶかです。Arduinoを使いこなすには、ハードウェアとソフトウェアの2つの知識が必要となります。またその詳細にはいくつか知識として覚えておく必要な事項があります。これらの知識や情報についてもかいつまんでポイントとして解説しているので、見つけ出し、確認していく程度でも構いません。

　本書の対象者は、電気・電子の専門外の人たち向けで、電気の知識は初心者でも大丈夫なように、つとめて平易にまとめました。

　最初の第1章では、Arduinoとは何かを紹介し、Arduinoを使うための準備、それにArduinoを効率的に学ぶ方法などを紹介していきます。つぎに第2章では、初心者がArduinoに触れ、簡単な使い方やそこでの知識・情報などを解説します。さらに第3章では、Arduinoのプログラミングに必要な知識を簡単に説明します。

第 1 章

Arduino ってどんなもの？

Arduino UNO

I. 準備編

　Arduinoは、2005年末にイタリアで誕生しました。まだ10年も経っていないのですが世界的なブームとなり、現在では教育業界はもとより、企業でも広く使われるようになっています。安価で、誰もが簡単に使えるということで、広がり始め、さらに多くのユーザの資産がネット上でオープンソースとして公開され、無償で使えるメリットもあり、普及の加速度はさらに増しているという状況です（図1.1）。

　初心者にやさしいだけでなく、プロの技術者も自分の専門外の技術で使えることで、Arduinoは高く評価されています。特にオープンソースハードウェアの概念を取り入れていることで、多くのファンを取り込み、ネット上にあるArduinoの資産（情報や知識、ソフトウェアなど）は爆発的に膨らんでいます。

　本章では、これからArduinoを始める方たち向けに、Arduinoについての概要をまとめ、Arduinoを使い始めるための情報や、PC上の開発環境構築などを紹介します。

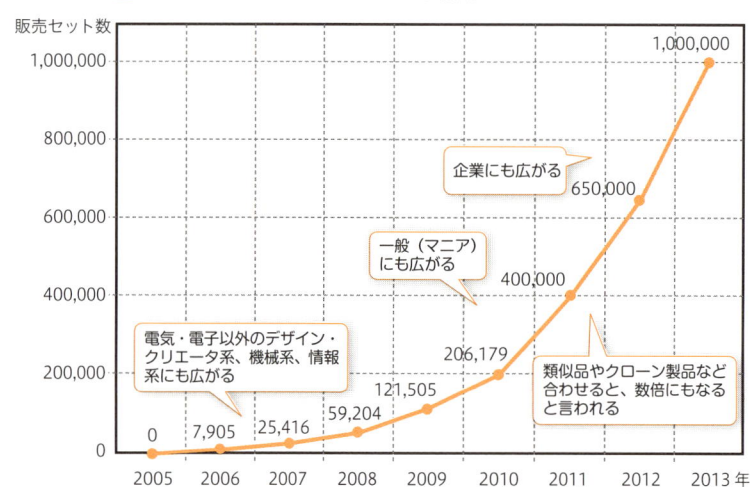

図1.1　Arduinoの販売累計および予測数

1.1　Arduinoの誕生と背景

　Arduino（アルドゥイーノ）は、2005年イタリアの大学教授**Massimo Banzi**氏らによって、電気・電子の学生らが簡単に手に取って学べる安価なマイコンボード教材として開発されたものです。技術的なハードルがとても低いことにより、今では情報処理系や機械系、デザイナー系、クリエータ系など、理系／文系を問わず幅広い学生まで使い始めるようになりました。

　この普及の勢いは、世界的に広がり、学生以外の一般の人たちも利用するようになり、さらに多くの企業の技術者も使い始めるようになってきました。つまり、マイコンボードの**デファクトスタン**

ダード（実質的な標準マイコンボード）と言えるようになってきたのです。

　その普及拡大している理由には、もちろん技術ハードルの低さや安価であることなどもありますが、大きな特徴が、Arduinoが「**オープンソースハードウェア**」の考えで開発されていることです。この考えによって、Arduinoの回路図や基板図などが公開（オープン）され、誰もが簡単に、類似のクローン製品を開発することもでき、またそれを販売することもできるようになっています。しかも、マイコンボードに組み込むためのソフトウェア開発環境（IDE：統合開発環境と呼ばれる）も、無償でネット上からダウンロードして利用できます。それに、サンプルの事例やプログラムも、多くのユーザによってネット上にアップされるようになってきました。つまり、Arduinoの資産が多くインターネット上で公開され始めたことも、普及拡大に拍車がかかっている一因ではないでしょうか？

　これまで、日本では、PICマイコンやH8マイコンなどが、学校教育や一般の電子工作の世界などで利用されていました。これらは、ある程度の電子・電気の知識を持ち合わせた人たちでしか使いこなせませんでした。しかし、Arduinoを使う上では、それほど高度な電子・電気の知識がなくても済むため、PICマイコンやH8マイコン以上に広く利用されるようになってきました。また、ハードウェアに無関係であった情報処理系の教育でもArduinoを使い始め、実際に手に取って動かすことができる教育環境として高く評価されるようになってきました。

　最近では、一般の企業でも、Arduinoを利用する技術者が増えてきました。社内の技術勉強会で使い始めたケースや、製品開発におけるプロトタイプの制作に使っているようです。その背景には、技術ハードルが低いことで、不得意な専門外の電子・電気の分野の技術を補うためとか、試作が安価で短期間でできるとか、豊富な資産が無料で利用できるなどがあげられています。

　以下、本章では、Arduinoとは何か、ソフトウェア開発に必要となる統合開発環境とは何か、そしてクイックスタートするための手順などを解説します。

1.2 Arduinoとは

Arduinoの基本を知っておくことは重要です。まずはArduinoとは何かと、Arduinoは何ができるかを知っておく必要があります。まずはこの点をわかることで、Arduinoをどう使うか、またArduinoで何を作るかが見えてくるでしょう。

(1) Arduinoと統合開発環境(IDE)を知る

Arduinoは、実際の**マイコンボード**とその**統合開発環境**（**IDE**：Integrated Development Environment）の2つのことを指します。マイコンボードはハードウェア、そしてIDEはソフトウェアです。

図1.2にあるようにArduinoのマイコンボード上に、センサー類やアクチュエータ類（モータなど）などの電子部品を接続し、統合開発環境で開発したプログラムをマイコンボードに書き込み、そのプログラムで記述された動作内容でマイコンボードと電子部品を動かします。

統合開発環境は、インターネットからPC上にダウンロードしてインストールできます。そして統合開発環境では、Arduinoで動かすソフトウェアを開発したり、開発したソフトをマイコンボードに書き込んだり、さらに**シリアル通信**によってPCとの通信も可能です。

これらの関係とその使い方の手順の概要を図1.3に紹介します。これらの手順の詳細は、別途説明します。

以降、本書では、Arduinoマイコンボードのことを**Arduino**と略し、統合開発環境のことを**IDE**と略して説明していきます。

図1.2 Arduinoはマイコンボードと統合開発環境(IDE)の2つ

※Arduinoはこの2つのことを指す

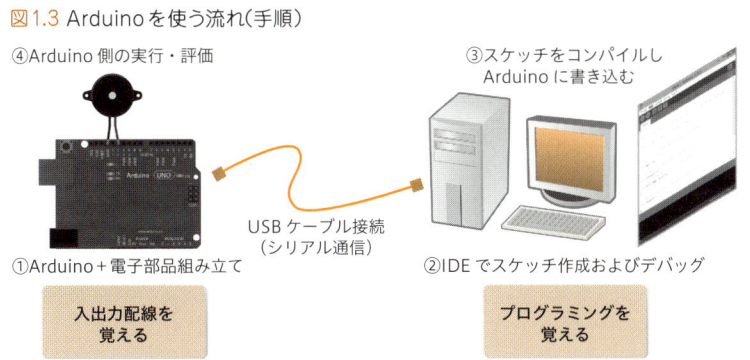

図1.3 Arduinoを使う流れ(手順)

(2) Arduinoで何ができるか

マイコンボードとは、コンピュータのコンパクト版みたいなものです。プログラムを組み込むことで、いろいろな動きや働きを与えることができます。LED（発光ダイオード）やスピーカ、またはセンサー類などの電子部品（パーツ）をマイコンボードに接続し、プログラムを組み込み、LEDを光らせたり、スピーカから音を鳴らしたり、温度センサーや光センサーと接続して温度や照度の値を読み出すことができます。

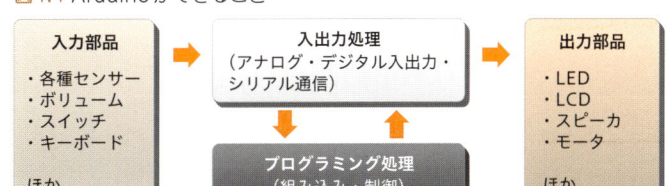

図1.4 Arduinoができること

図1.4に示したように、Arduinoは外部の電子部品群の入出力機能を持ち、デジタルやアナログ入出力、それとシリアル通信処理ができるようになっています。またプログラミング処理機能を持ち、計算処理や文字列の処理などができ、割込み処理機能なども持ち合わせています。

さらに、**シールド**と呼ばれる拡張ボードなどを使い、高度に組み合わせれば、自動制御装置やロボット、3Dプリンタなども作ることができるようになります。またUSBポートを持つシールドであれば、SDメモリーなどを利用できるので大量のデータを保存することもできます。あるいは無線機能を持つシールドを使えばワイヤレスセンサーネットワークなども実現できるでしょう。さらに携帯電話で使われている通信方式である3G機能を持ったシールドを使えば、インターネット接続も可能となり、M2M（マシンtoマシン）ビジネスまで拡張することが可能となります。

そのほか、カメラ映像を活用したり、GPS（位置情報システム）機能を組み合わせたりすることで、防犯や防災や、環境保全などへの応用も可能となります。（図1.5参照）

図1.5 Arduinoの可能性

「コラム」Arduinoでは、プログラムのことを、特別に**スケッチ**と呼んでいます。また拡張ボードのことを**シールド**と呼び、処理の流れやプロセスのことを**レシピ**と呼んでいます。これらはArduinoの方言なので、使いなれるようにしましょう。

(3) Arduinoマイコンボードのファミリーについて

　Arduinoのマイコンボードは、Atmel社の**マイクロプロセッサ（CPU）**が採用されており、8ビットのものから32ビットまで、多くの種類のものが製造・販売されています。このAtmel社のCPUには、スケッチを組み込む**フラッシュメモリー**や、一時的な**ワーキングメモリー**となる**SRAM**、それに不揮発性の**EEPROM**メモリーを備えています。これらの容量やCPUの処理速度、それにピン数など、いくつかの特性に応じて、Arduinoの製品が分かれています。

　最も普及している**Arduino Uno（ウノ）**は、コンパクトで初心者向きとなっています。また上位クラスの**Arduino Mega（メガ）**や**Arduino Due（ドュエ）**になると、アナログおよびデジタルの入出力用ピンを多く持つので拡張性が高くなります（ただし値段も高くなります）。

　初心者であれば、Arduino Unoで十分ですが、ある程度中身がわかり、スキルが身に付き、上位のシステムなどに興味がわいたら、少しレベルアップした別のボードへチャレンジするのもいいかもしれません。なお、これらのボード間では、基本的なピンの配置やその使われ方は多くが共通のものとなっています。

　ただしボード上には、アナログとデジタルの入出力ができるピンが用意されていますが、Arduinoの種類によってその数が異なったり、基本的な電源の電圧が5Vのものと3.3Vのものだったりと何種類かに分かれます。

　それでは、表1.1と図1.6にArduinoファミリーの一部の仕様と写真を紹介します。

図1.6 Arduinoファミリー（一部）写真

Arduino Uno

Adruino Leonardo

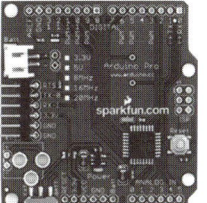
Arduino Pro

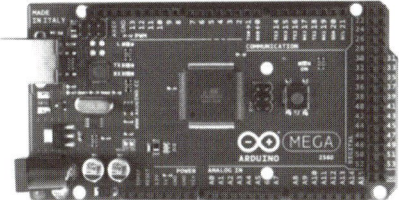
Arduino Mega 2560

Arduino Due

表1.1 Arduinoファミリー（一部）の仕様一覧

Arduino 仕様	Uno R3	Leonardo	Mega 2560	Due	Pro
マイクロプロセッサ	ATmega328	ATmega32u4	ATmega2560	AT91SAM3X8E	ATmega168/328
動作電圧	5V	5V	5V	3.3V	3.3V/5V
推奨入力電圧	7～12V	7～12V	7～12V	7～12V	3.35～12V(3.3V) 5～12V(5V)
制限入力電圧	6～20V	6～20V	6～20V	6～20V	
デジタルI/Oピン数	14（うち6ピンPWM出力）	20	54（うち15ピンPWM出力）	54（うち12ピンPWM出力）	14（うち6ピンPWM出力）
PWMチャネル	6	7	15	12	6
アナログI/Oピン	6	12	16	I：12/O：2 (DAC)	6
I/Oピン電流	40mA	40mA	40mA	130mA	40mA
供給可能な最大電流	50mA	50mA	50mA	800mA	
フラッシュメモリー	32K（うち0.5KBはブートローダ用）	32K（うち4KBはブートローダ用）	256KB（うち8KBはブートローダ用）	512KB（ユーザアプリケーション用）	16KB (168) 32KB (328)
SRAM	2KB	2.5KB	8KB	96KB（2バンク：64KB・32KB）	1KB (168) 2KB (328)
EEPROM	1KB	1KB	4KB		512B (168) 1KB (328)
クロック周波数	16MHz	16MHz	16MHz	84MHz	8MHz (3.3V) 16MHz (5V)

(4) Arduinoの拡張性について

　Arduinoでは、ピンの仕様やソフトウェアの仕様などが規格化されているので、Arduino上に重ねて使う拡張ボードも数多く製造・販売されています。これらの拡張ボードのことを、Arduinoの世界

ではシールドと呼んでいます。このシールドは、Arduinoのもつ入出力ポートに簡単に接続できるようにしたもので、Arduino開発チームが製造・販売したものから、第三者が製造・販売しているものまで豊富にそろっています。図1.7にArduinoのシールドの例を示します。

図1.7 Arduinoのシールド例

イーサネットシールド	XBee SDシールド	3Gシールド
ローカルエリアネットワークとの接続が可能なイーサネットシールド	ローカルセンサーネットワークの実現が可能なXBeeとSDメモリーを持った拡張シールド	野外や近海などの広いエリアでインターネットと接続できる3G通信モジュール

　イーサネットシールドはネットワークとの接続を可能とするものです。右側の3Gシールドは携帯電話の通信方式である3Gによる通信機器を搭載したもので、遠隔でインターネットに接続できるようになっています。このほかにもカラーLCDや液晶を搭載したシールドがあり、文字や画像を簡単に表示できるようになっています。そして、これらのシールドすべてにサンプルのスケッチが提供されており、インターネットからダウンロードして使えるようになっています。

　もし、何かを開発・試作しようとする際、必要となる機能をインターネット上で調べてシールドを探しだして使えば、より短時間で、高機能なシステム開発が可能となります。

(5)オープンソースハードウェアとArduinoの普及について

　「オープンソース」という言葉は、ある一定の年齢以上であれば、広く知られているUNIXやLinuxなどを思い浮かべると思います。しかし、ここで紹介する「ハードウェアがオープンソース」という言い回しは、はじめて耳にする人たちも多いのではないでしょうか。このオープンソースハードウェアの概念は、「ハードウェアの回路図などの仕様がオープンにされ、自由に利用でき、改変できること」がベースにあります。つまり、Arduinoの類似品やコピー品なども多く開発され、販売されたりしています。

　日本でも、2010年に学研教育出版社が出した雑誌「大人の科学」では、Japaninoといった類似品が付録について販売されたり、最近ではルネサス社が開発したGR-SAKURA（通称「サクラボード」）が出回ったりしています。このGR-SAKURAは、Arduino UNOよりも高機能で高速なマイコンチップを使い、内部メモリも豊富に使えるようになっています。

図1.8 Japanino(左)とGR-SAKURA(中)、Galileo(右)

 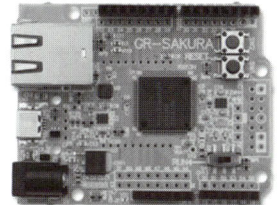 

　さらにインテル社もArduino互換機Galileoを開発発表しました。ますます、このオープンソースハードウェアArduinoの世界は、広がりを強めるものと思われます。

　Arduinoがオープンソースハードウェアであることで、企業の一般の技術者でも利用するケースが増えてきました。背景には、Arduinoの使い勝手が簡単なことや、多くの資産（センサー類やアクチュエータ類が簡単につながること）が利用できることにあります。大手企業でも、新製品の試作・プロトタイプ開発の現場で使い始めたところは少なくありません。専門外の技術を協力会社などに依頼するよりも、Arduinoを使って自ら安価で開発することが大きな魅力だからです。さらに、最近では、製品の量産化においても、たかだか数十個や数百個程度であれば、Arduinoの技術をそのまま使って製品化する企業も出てきています。つまりニッチなビジネスなどにおける商品化には、とても効率的で、コスト削減ができ、短期間で開発できるなどのメリットが着目されています。そのほか、日本企業内にコンプライアンス問題が出てきたことで、協力会社への業務委託などが難しくなり、技術者が専門外でも独自に開発する手段としてArduinoを利用する流れも出てきました。

(6)新たなモノづくりの変革（イノベーション）

　このArduinoのようなオープンソースハードウェアの出現によって、誰もが安価で簡単に電子工作を楽しむことができるようになりました。このことで、世界的な「モノづくり」の現場が変わりつつあり、多くの個人発明家が誕生するようになってきました。例えば、おしゃれなLED照明やユニークな制御装置を開発したり、さらに高度な3Dプリンタやロボットを開発したりする人たちも出てきました。多くの起業家が誕生するきっかけにもなっています。自分たちの身の回りの中で、何かを便利なものにしていくモノづくりが、ひそかなブームとなり、今や**第3次産業革命**とも呼ぶ人たちも出てきました。

　さらに、最近では**フィジカルコンピューティング**と呼ばれるような教育プログラムが誕生してきていて、生活環境に沿ったコンピュータの在り方を研究するといった中で、Arduinoが広く普及するようになってきました。

 フィジカルコンピューティングとは、身の回りの生活環境において、センサー技術やアクチュエータ技術、さらにはインターネット技術などを利用し、新しいデバイスのモノづくりを研究開発したり、教育したりすることをいいます。

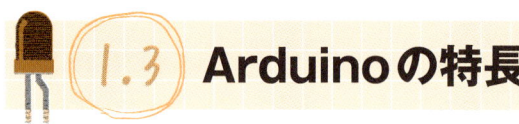
1.3 Arduinoの特長

ここまで紹介してきた内容を、再度Arduinoの特長としてまとめて紹介しておきます。

■ **価格が安く、入手しやすい**
- 現在Arduino UNOは、3,000円弱で購入できます。中高校生でもちょっとしたお小遣いで購入できる価格ではないでしょうか。インターネットによる通販も行われているので、全国どこからでも入手できます。

■ **短時間で開発できる**
- Arduinoの魅力の1つが、短時間で開発できることです。それは、ブレッドボードとジャンパワイヤを使うことで、ハンダ付けすることなく、簡単に電気回路を組み上げることが可能だからです（ブレッドボードおよびジャンパワイヤは後述）。

■ **技術ハードルが低い**
- 上述したようにマイコンの知識があまりいらず、短いプログラミング（スケッチ）で開発でき、拡張・変更も短時間で簡単にできます。

■ **活用できる資産が豊富にある**
- インターネット上にあるArduinoに関する情報は、豊富に蓄積されています。日本国内だけでなく、海外でも、誰かが、ある電子部品を使い、つないだ例を、プログラミング付きで掲載しています。サイトによっては動画などが公開されていて、たいへん参考になります。

■ **著作権リスクが軽減できる**
- 利用する技術がオープンになっている点では、著作権の侵害などの心配が少なくなります。自由に模倣できます（ただし量産販売は別です）。

■ **試作やプロトタイプ開発で効率的で迅速に対応できる**
- Arduinoは試作・プロトタイプ開発ではとても利用しやすく、また限定数の開発や、短期間利用の製品開発でも迅速に対応できるメリットがあります。

このほかにも、ブレッドボードとジャンパワイヤは繰り返し利用できるので、組み合わせや応用も簡単にできる教材として優れたモデルになっていることも特長の1つといえるでしょう。

教育業界では、つぎのようなことを唱える学校の先生たちも出てきました。

- ハードウェアとソフトウェアの2つを同時に、五感を通じた教育環境が提供できる
- 高度で最先端の技術を学ぶことができ、実社会に通じる人材育成ができる
- 創造・アイデアの世界の頭脳育成の教育ができる

図1.9 Arduinoの特長

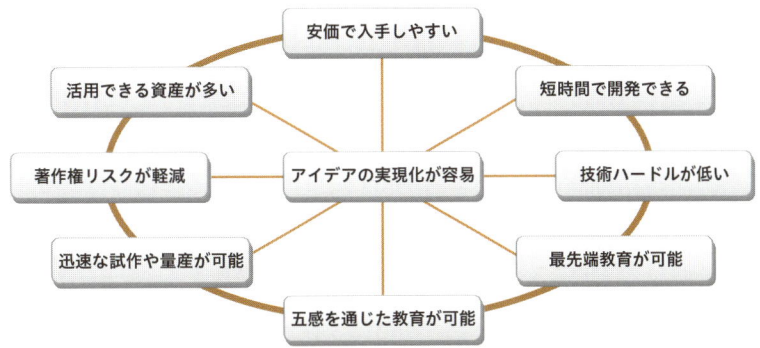

1.4 Arduinoの機能

ここでは、Arduino Unoボードの機能概要を紹介していきます。まずは、Arduino Unoのハードウェア構成と、また電子部品とのインタフェースなどを簡単に紹介しましょう。さらに通信技術で必要となるアナログ・デジタル入出力、それにシリアル通信を簡単に紹介します。ここで紹介することは重要なことなので、多少後戻りしてもいいので、確認しながらしっかりと覚えるようにしましょう。

(1) Arduinoのマイコンボード

Arduinoボード上には、いろいろ入出力関連のコネクタやポート、それにLEDなどが配置してあります。主なものを紹介しましょう。

I. 準備編

図1.10 Arduinoマイコンボードのインタフェース（入出力）構成図

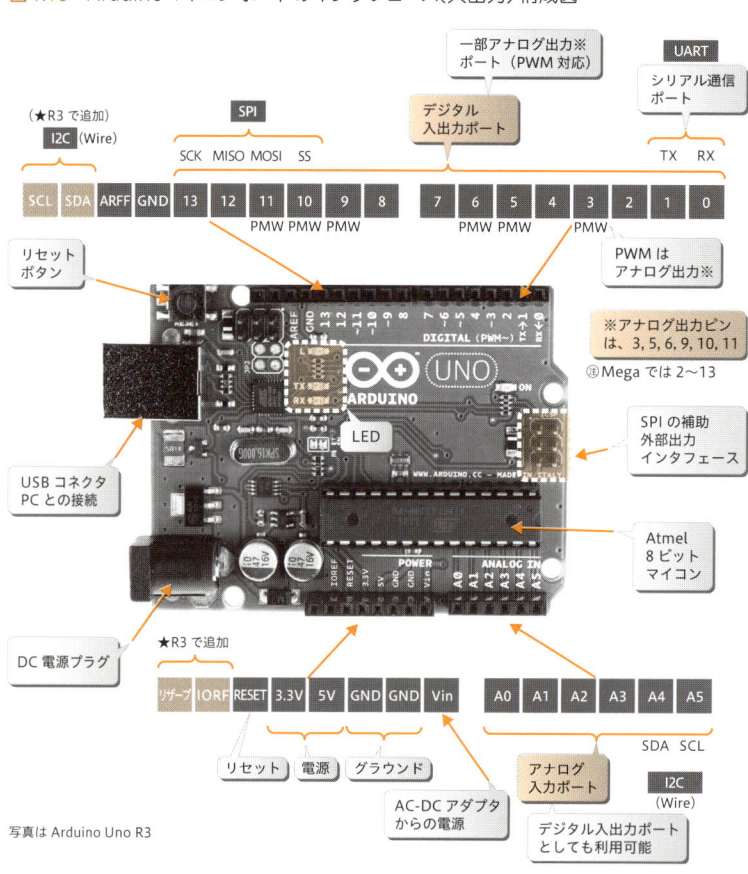

写真は Arduino Uno R3

（2）Arduinoのインタフェース

ここでは、Arduinoのマイコンボードの各インタフェースについて説明します。

■ USB 電源コネクタ
- PCとのUSBコードや5VのUSB外部電源コードを接続できます。PCと接続した場合には、電源供給と同時に、シリアル通信による、PCから送られてくるプログラムの書き込みやArduinoとのデータ送受信を行われます。

■ 外部電源コネクタ
- 7Vから12Vまでの外部の直流電源を接続できます。PCと併用して使うこともできます（推奨は9V程度）。

■ 3つの LED
- LとTX、RXの3つのLEDがArduinoロゴの横に配置されています。これらは、後ほど紹介します。シリアル通信が行われているときに点滅します。

1.4 Arduinoの機能

■ **アナログ入力ポート**
- A0からA5までの6個のアナログ入力ピンです。このピンは、デジタル入出力ピンのD14からD19としても利用できます。

■ **アナログ出力ポート**
- 実際には、PWM（パルス幅変調）を使って、アナログ出力を行うピンで、D3、D5、D6、D9、D10、D11が対象となります。

■ **デジタル入出力ポート**
- D0からD13までがデジタル入出力ピンとなりますが、アナログ入力ピンのA0からA5までもデジタル入出力ピンのD14からD19までとして利用できます。この中のピンで、特にD0とD1はハードウェアシリアル通信が可能で、高速な入出力ができるようになっています。

■ **電源・GND ポート**
- 3.3Vまたは5Vの電源と、それに3つのGNDがあります。そのほかにVinがあり、これを使うと外部からの電源を取ることができます。DC（直流）電源コネクタと同様に7－12Vの直流電源を差し込んで利用します。

■ **I2C・SPI ポート**
- 同期式によるバス形式のシリアル通信ができるポートで、伝送可能な距離は短いですが、高速通信が可能です。I2Cバスは、SCL（シリアル・クロック）と双方向のSDA（シリアル・データ）の2本の信号線（GNDは含まず）で通信します。SPIバスは、SCK（シリアル・クロック）と短方向のSDIとSDOの3本の信号線（GNDは含まず）で通信します。

■ **UART（シリアル通信）ポート**
- 非同期によるシリアル通信（非同期送受信回路）を行うボードで、ArduinoとPC、あるいは別のデバイスとの通信を行います。

コラム

Arduino UNOへの電源供給は、3つの方法があります。
❶ USBコネクタからの給電：5V・500mA
❷ DC（直流）電源プラグからの給電：7－12V
❸ VinからのDC電源による給電：7V－12V

❶では、携帯電話の充電器を使ったり、❷と❸では、9V形の乾電池を使ったりできます。ただし接続に際しては、プラスとマイナスを間違えないようにしましょう。

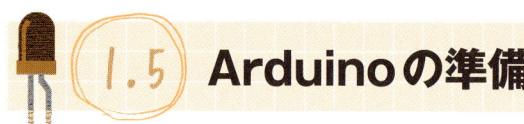
1.5 Arduinoの準備

　最初にハードウェアとソフトウェアの準備をしましょう。ハードウェアの準備は、マイコンボード本体および電子部品類などを用意しておきます。またソフトウェアの準備は、インターネット上から統合開発環境（IDE）をPC上にダウンロードしておきます。

　ここでは、本書で紹介する電子部品なども含めた準備すべきものと、基本的な知識として何が必要かを紹介しておきます。

(1)準備すべきArduino関連電子部品

　本書の中で利用する入力部品のセンサー類や、出力部品のLEDやスピーカ、LCDなどを以下に紹介します。（付録1参考）

- Arduino Uno R3
- USBケーブル（コネクタはA－Bタイプ）
- 標準ブレッドボード（ハーフサイズでも可）
- ジャンパワイヤ（ワイヤーケーブル、ジャンパケーブル、単にケーブルとも呼ぶ）
- 入力系電子部品（光センサー、超音波距離センサー、加速度センサー、温度センサー、赤外線距離センサー、タクトスイッチなど）
- 出力系電子部品（LED、スピーカ、LCDなど）
- そのほかの電子部品（抵抗、可変抵抗器など）

図1.11 本書で必要となるArduinoとその他の部品群

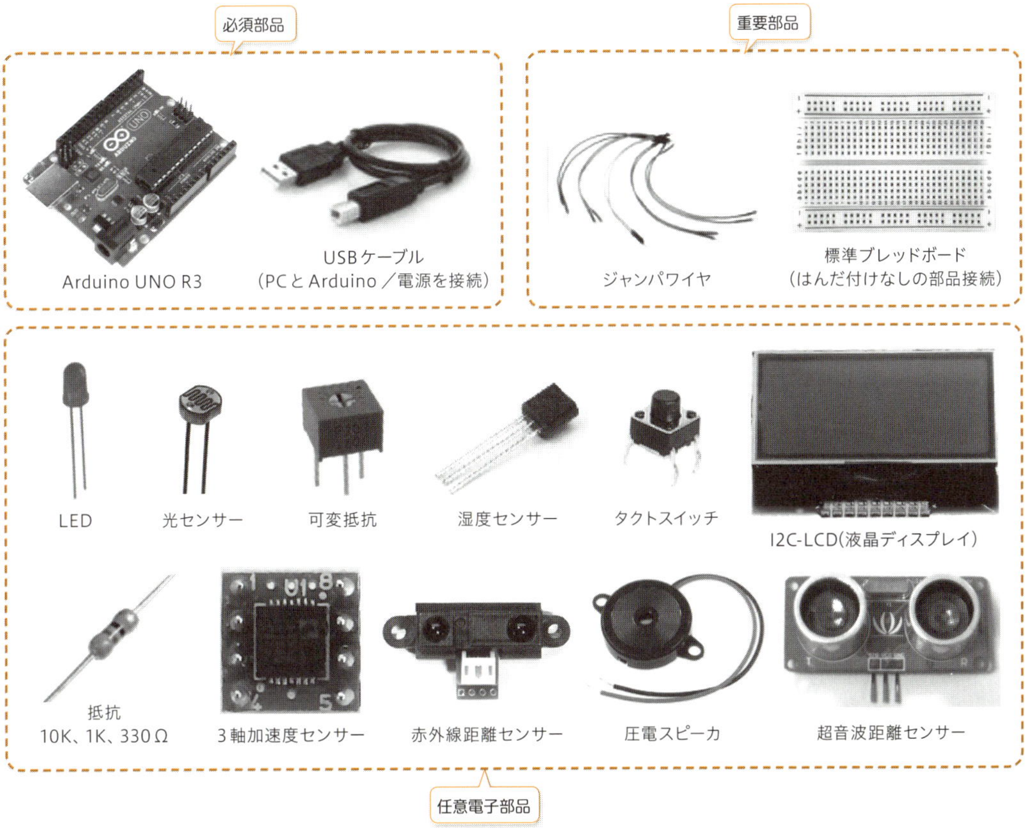

必須部品
- Arduino UNO R3
- USBケーブル（PCとArduino／電源を接続）

重要部品
- ジャンパワイヤ
- 標準ブレッドボード（はんだ付けなしの部品接続）

任意電子部品
- LED
- 光センサー
- 可変抵抗
- 湿度センサー
- タクトスイッチ
- I2C-LCD（液晶ディスプレイ）
- 抵抗 10K、1K、330Ω
- 3軸加速度センサー
- 赤外線距離センサー
- 圧電スピーカ
- 超音波距離センサー

> コラム
> Arduino関連の製品を購入するサイトは、次のようなところがあります。
> - Arduino関連：amazon.co.jp、switch-science.com
> - 電子部品関連：akizukidenshi.com

(2) PC上の統合開発環境（IDE）構築

IDEを動かすためのPC（パソコン）の仕様は、推奨として以下のとおりとなります。

OS：Windows 7以上か、Linux 32bit / 64bit、またはMac OS X以上

古いOSのPCで稼働することもありますが、処理スピードが遅く、起動の際などの待ち時間も長くなります。

IDEのインストール方法や操作方法などについては、次節以降で解説しますが、本書では、すべて

I. 準備編

Windows系のPCで記述しています。ほかのLinux系やMac系でもIDEの画面操作はほぼ同様となっていますが、一部表示内容が異なる場合があるかもしれません。本書では割愛しております。ご了承ください。

(3) その他知っておくべきもの（知識・情報）

Arduinoを使い始める上では、特にプログラミングに詳しくなくても問題はありません。Arduinoを理解していくうちに、C言語を覚えていくこともできます。ソフトウェアを変更しながら、ハードウェアの変化を見ていくことで、スキルアップがはかれます。ソフトウェアを学ぶ気さえ十分あれば、習得はスピードアップしていきます。

ソフトウェア開発の初心者ならば、次の第2章と第3章を読んでArduinoで使うC言語について、しっかりと覚えるようにしましょう。

図1.12　Arduinoを使うための準備と知識

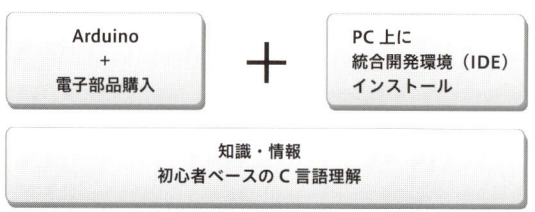

1.6 統合開発環境(IDE)の準備

それでは、統合開発環境IDEをPC上にダウンロードし、Arduinoが使える環境を整えていきましょう（図1.13）。

IDEは、PC上で稼働するもので、Arduinoのプログラムを作成し、それをArduinoへ書き込むソフトウェアです。そのほかプログラムの修正（デバッグ）や、Arduinoへのキー入力操作や出力モニタリングなど、シリアル通信もできるようになっています。このIDEは、あらかじめインターネット上からPCへダウンロードしておきます。このIDEソフトウェアは、無償提供（フリー）であり、これまで多くのバージョンアップを重ねてきています。日本語化対応も行われています。

1.6 統合開発環境（IDE）の準備

図1.13 IDEの環境構築手順

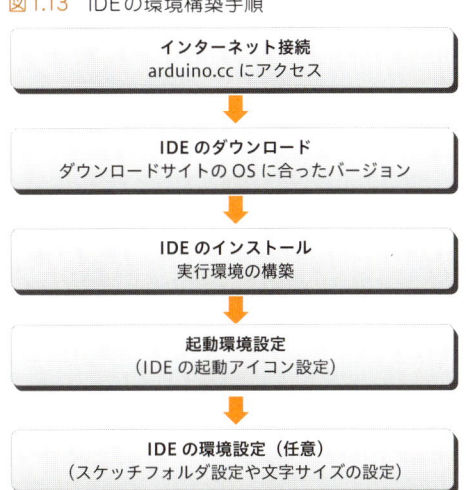

（1）統合開発環境（IDE）のダウンロード

PC上でインターネットに接続し、Arduinoのホームページ「www.arduino.cc」にアクセスします。このトップページのメニュー選択から、ダウンロードページ「download」を選択して、「Download the Arduino Software」へ飛びます。

ここでは、画面下に「Arduino 1.0.5（release notes）」（本書作成時）が表示されていて、またその下に、「Windows Installer, Windows（ZIP file）」や「Mac OS X」などが並んで表示されています。自分のPCにあったものをダウンロードしてください（図1.14、図1.15参照）。

図1.14 Arduino.ccのトップ画面

図1.15　Arduinoダウンロード画面(最新版が最上位に紹介)

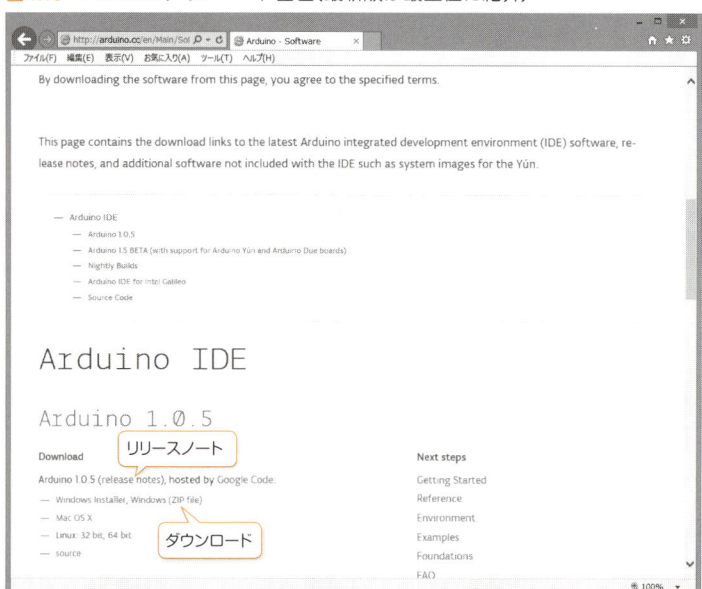

(2) IDEのインストール

　引き続き、画面下に表示される「ファイルを開く」ボタンを選択して(図1.16)、Arduino IDEのインストールを行い、PC上にIDEの環境を構築していきます。

図1.16　Arduino IDEの解凍(インストール)実行の画面

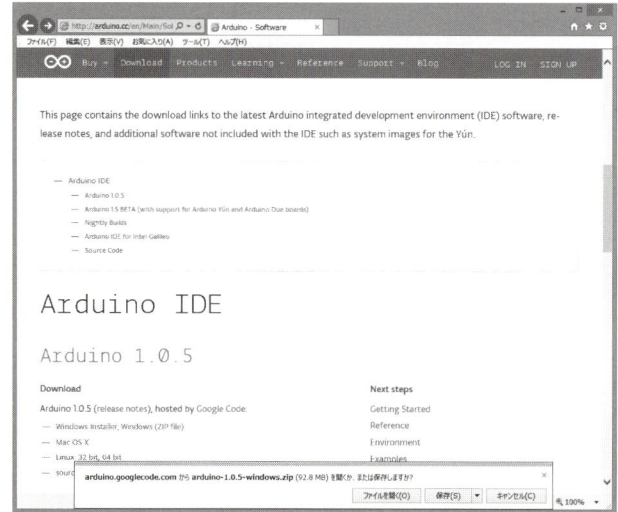

1.6 統合開発環境（IDE）の準備

1 **IDEのインストール（実行：ファイルの解凍）**
- Windowsの場合、最新版は「Program Files（x86）」内にインストールされます

2 **IDEの起動アイコンを使いやすく設定**
- Windowsの場合、以下のアイコンが実行ファイルとなっています。

このアイコンを図1.17のところから、デスクトップ画面やタスクバーへ配置してください。

図1.17　Arduinoがインストールされたフォルダ

(3) IDEの画面メニューの紹介

　それでは、IDEの画面メニューとその機能を紹介していきましょう。ここでは、主に使うものだけに絞って紹介しておきます。

　Arduinoのアイコンを選択し、起動してみてください。図1.18のように初期画面が表示されます。では、この図に示した番号順に解説しましょう。

I. 準備編

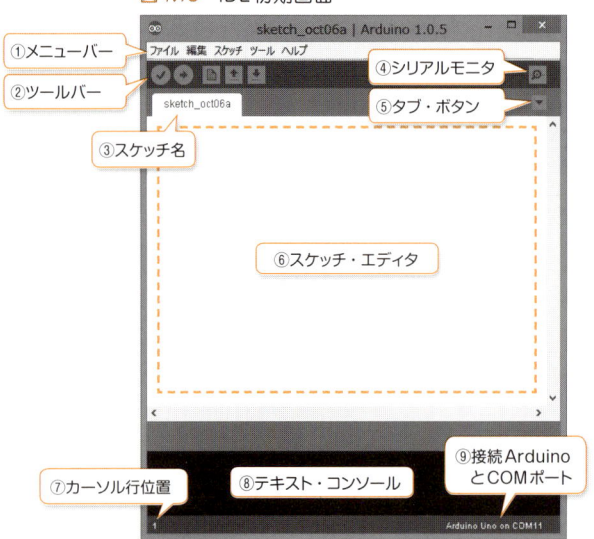

図1.18 IDE初期画面

①メニューバー
②ツールバー
③スケッチ名
④シリアルモニタ
⑤タブ・ボタン
⑥スケッチ・エディタ
⑦カーソル行位置
⑧テキスト・コンソール
⑨接続ArduinoとCOMポート

1 メニューバー

　この中には、「ファイル」、「編集」、「スケッチ」、「ツール」、「ヘルプ」が表示されています。

　「ファイル」メニューは、図1.19にあるようなメニューがプルダウンメニューで表示されます。このメニューは、特に既存プログラム（スケッチブック）を読み込むときに利用することが多いでしょう。また、ライブラリとして用意されたスケッチを呼び出す「スケッチの例」というのもあるので、利用するとたいへん便利です。そのほか、新規に作ったスケッチを保存するときに、「名前を付けて保存」などもよく利用するメニューです。

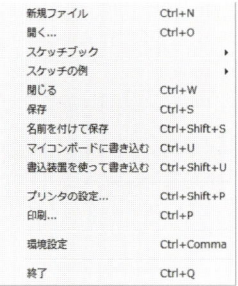

図1.19 IDEメニューバー「ファイル」

　また「ツール」メニューを選択すると、図1.20のようなプルダウンメニューが表示されます。

1.6 統合開発環境（IDE）の準備

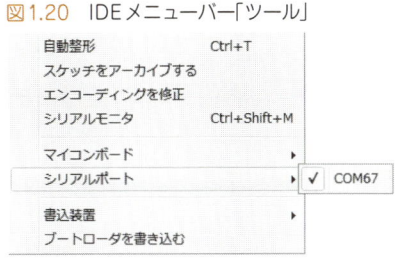

図1.20 IDEメニューバー「ツール」

一番上にある「自動整形」は、作成・編集しているスケッチ（プログラム）のインデント（空白文字）を自動で整えてくれる便利なものです。

また「マイコンボード」は、利用するマイコンボードを設定しますが、最初に起動したときは、一番上にある「Arduino Uno」が選択されています。

また、その下の「シリアルポート」には、PCと接続されたCOM番号が表示されます。

PCとUSB接続された機器が複数ある場合には、複数表示されます。どれが対象となるArduinoのCOM番号かは、次項で説明します。

「ヘルプ」は、インターネット上の「arduino.cc」にリンクされていますが、すべて英文表記サイトとなっています。

2 ツールバー

- ツールバーの内容は、図1.21のようになっています。このツールバーで特に頻繁に利用するのが、「検証・コンパイル」、「マイコンボードに書き込む」メニューです。これらは、①のメニューバーにも含まれています。

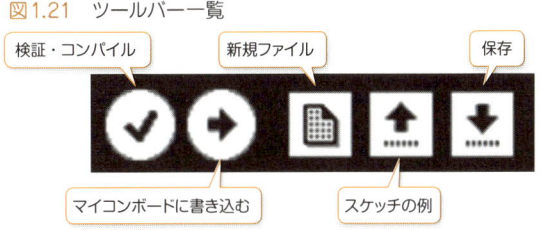

図1.21 ツールバー一覧

3 スケッチ名

- 最初にIDEを起動したときや、新規にスケッチを開くときには、「sketch_*****」と表示されます。この「*****」には、日付（例えば「sep18」など）とアルファベットの「a」からはじまるスケッチ名が表示されます。例えば、9月18日に最初に開いたときは「sketch_sep18a」となります。

I. 準備編

4 シリアルモニタ
- このアイコンメニューは、PCとArduinoがUSBケーブルを使ってシリアル通信するときの画面を表示させるものです。この表示を利用する場合には、Arduinoボード上のデジタル入出力ポートのD0とD1の利用はできません。このシリアルモニタについての使い方は、「7.5 シリアル通信機能を使う」で説明します。

5 タブ・ボタン
- スケッチは、場合によっては複数のファイルを使う場合もあります。例えば画面表示系についてはこのファイル、入力されたセンサー値を処理するのはこっちのファイル、と別々に作っておいたほうが管理しやすいからです。タブ・ボタンは、このような複数のファイルから構成されたスケッチを扱う場合に使います。その場合、それぞれのファイルはタブで表示されます。このタブ画面については、「7.2 複数スケッチによるタブ画面を使う」で解説します。

6 スケッチ・エディタ
- スケッチ・エディタ画面でプログラム（スケッチ）を作成・編集していきます。このエディタ画面では、文字列のコピー＆ペーストもできます。また、文字フォントの大きさなどは、「メニュー」→「環境」を選択すれば変更できます。

7 カーソル位置
- スケッチ・エディタの中で、現在カーソルが置かれている行位置を示します。エラーで表示される行数などを確認するときに使います。

8 テキスト・コンソール
- この画面には、コンパイルやPC接続でのエラーが表示されます。なお、エラー表示は英文のみとなります。

9 接続ArduinoとCOMポート
- このラインには、Arduinoの接続されている種類と、接続COMポートの番号が表示されます。

（4）PCとArduinoの接続のためのドライバ設定とその確認

マイコンボードのArduinoをPC上に最初につないだときに必要となるのが、デバイスドライバの組み込みとなります。ArduinoボードそのものをPCとUSB経由でつないで利用するには、PC上にArduinoのドライバが組み込まれている必要があります。

まずはデバイスマネージャー画面を開いてください。デバイスマネージャーは、OSのバージョン

によって異なるので、インターネット上などで「デバイスマネージャーの起動」などと検索して参考にしてください。

図1.22では、すでに「ポート（COMとLPT）」に「Arduino Uno（COM**）」と表示されているので、ドライバは正しく組み込まれている状態です。

図1.22　デバイスマネージャーによるArduino COMポート番号の確認

Arduinoドライバの組み込む必要がある場合は、図1.17のArduinoフォルダ内の「drivers」の「arduino.inf」を組み込んでください。

1.7　Arduinoを効率よく学ぶ

ここでは、Arduinoをより効率よく学ぶための知識や情報をまとめています。簡単に目を通しておいてください。

まずは、Arduinoで何ができて何を作るかにおいては、Arduinoをシステムとしてとらえます。そのシステムとは何かを簡単に説明しましょう。

それと、Arduinoを学ぶ上での2つのステップを紹介します。最初のステップは準備段階で、Arduinoを始める段階で必要となる知識や情報となります。つぎのステップは、実践段階で、Arduino

とPC上のIDEを使い、また電子部品などを組み合わせて覚えていくための知識や情報となります。

そのほか、Arduinoの使い方の手順と、Arduinoを学ぶ上での加速化についてもまとめています。参考にしてください。

(1) Arduinoをシステムとして理解する

システムとは、図1.23に示すとおり、「入力」、「処理」、それに「出力」の3つの部分から構成されたものです。

Arduinoもシステムの1つとしてとらえることができ、その構成も、入力、処理、そして出力といった部分に分けることができます。センサーからデータ値を取出し、それをArduino側で入力として使い、アクチュエータ（モータ類）などへ出力することになります。センサーは、環境変化を入力として、データ値として出力とします。アクチュエータは、電源や制御値をArduinoから入力とし、外部への運動として動き（出力）を与えます。

図1.23　システム＝入力＋処理＋出力

入力	処理	出力
センサー類 スイッチ マイク キーボード カメラ メモリー ほか	プログラム スケッチ アルゴリズム 組み込み 制御 ほか	アクチュエータ スピーカ 電波・赤外線 LED（発光体） LCD（液晶画面） メモリー ほか

Arduinoは、アナログやデジタルの入出力ピンに電子部品を接続し、プログラムによって動きを与えることになります。具体的には、Arduinoは電子部品との間で、信号や電圧などによって、通信しあい、電源供給していることになります。

今後、Arduinoを簡単に理解する上では、何が入力で、何が出力かを意識することがポイントとなります。さらに、その入出力の間にある処理の部分がプログラミングであり、入力と出力を結びつけるものとなります。

システム間同士は、入力と出力が互いに異なる立場となります。例えばセンサーで読み取った値はセンサー側では「出力」となりますが、Arduino側では、それを受け取る「入力」となります。

Arduino上での入出力処理には、デジタル入出力による通信とアナログ入出力による通信を行うものとがあり、さらにデジタル通信を並行して処理するシリアル通信で行うものがあります。またシリアル通信には、同期処理で行うSPI通信バスとI2C通信バスの2つの方法と、非同期処理で行うUARTの方法の、計3種類あります。

目的に応じて、これらの3種類の方法を理解しながら、Arduinoを使いこなしていきましょう。

(2) Arduinoを学ぶ2ステップ

Arduinoを学ぶ上では、その内容を2つのステップに分ければ理解しやすくなると考えられます。第1ステップは、準備段階で必要となる知識や情報を学ぶことです。第2ステップは、実践段階で、繰り返しスキルを上げていくときに必要となる知識や情報を学ぶことです（図1.24）。

図1.24　Arduinoを学ぶための概要

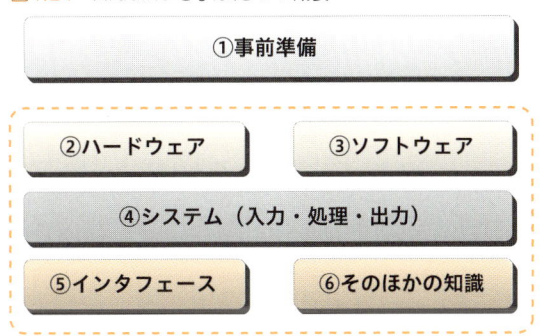

```
①事前準備

②ハードウェア      ③ソフトウェア
④システム（入力・処理・出力）
⑤インタフェース    ⑥そのほかの知識
```

この2つのステップで必要な知識や情報をまとめておきましょう。

■ 準備段階で必要な知識・情報

- **準備段階**では、つぎのような知識が必要となります（これらは、本章とつぎの第2章で紹介していきます）。
  - Arduinoや電子部品の購入（インターネット通販など）
  - PCへのIDEインストールとIDEの使い方の習得
  - ブレッドボードやジャンパワイヤの使い方の習得

■ 実践段階で必要な知識・情報

- 実施段階では、つぎのような知識が必要となります（これらは、各章で紹介しているので、先に行ったり、戻ったりして、確認しながら知識や情報を身につけていってください）。
  - ハードウェアを知る（第2章）
    - PCとArduinoとの接続を知る
    - Arduinoと電子部品の接続・配線を知る
  - ソフトウェアを知る（第3章）
    - C言語の基本的な文法や関数を知る
    - プログラムの制御を知る
  - システムを知る（第4章、第5章）
    - システムの構成は、入力と処理・出力の3つであることを知る

- 入力部品の仕組みを知る
- 出力部品の仕組みを知る
○ Arduinoのインタフェースを知る（第4章、第5章、第6章）
- アナログ入出力を知る（PWMも知る）
- デジタル入出力を知る
- シリアル通信を知る
○ そのほかの知っておくべき情報（第7章）
- ある程度の電気・電子の知識を知る
- トラブルになったときの解決策を知る

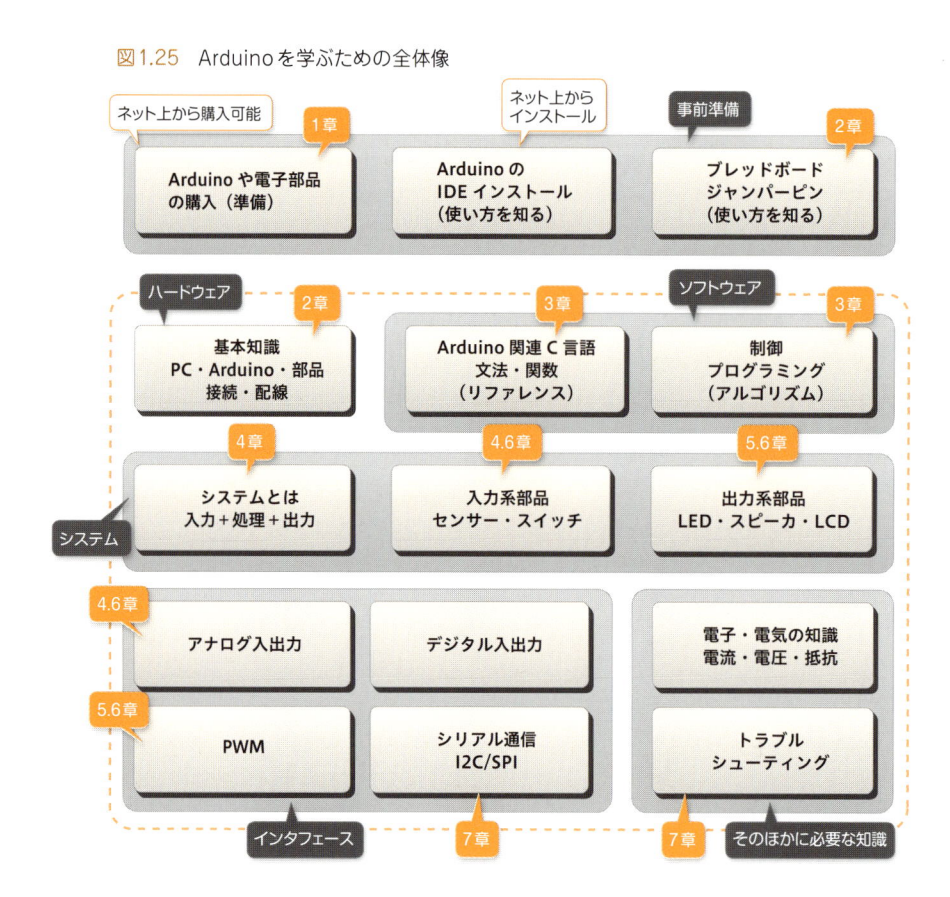

図1.25　Arduinoを学ぶための全体像

(3) Arduinoの使い方手順

Arduinoを使う上での手順をまとめておきます。これらは、第4章からの操作手順となります。

1	**Arduino上での電子部品の組み立ておよびケーブル接続**
	● Arduinoとブレッドボード、ジャンパワイヤ（ワイヤーケーブル）を使い、電子部品を接続

2	**IDE上でスケッチを用意**
	● 新たにスケッチを作成するか、または既存スケッチの読み込み

3	**スケッチのコンパイル・書き込み**
	● ArduinoとPCとをUSBで接続し、PC上のスケッチをコンパイルし、Arduinoに書き込み

4	**Arduino側の実行**
	● Arduino上にスケッチが書き込まれると、自動的にスケッチが起動

(4) 学びを加速化させるために

　今は多くの情報がインターネットから入手できるようになっています。Arduinoに関しても、数多くの貴重な技術情報がネット上のどこかに掲載されているので、それを利用しない手はありません。ただ、どれだけ効率よく、短時間で、有益となる情報を入手するかがポイントとなります。無駄に時間を割いたり、嘘の情報を入手したりすることは、誰でも避けたいところだと思います。

　そのためには、検索エンジンで使うキーワードに、Arduinoや電子部品の型番などを入れると、検索結果が的確なものになったりします。それと、情報の質も重要で、そのサイトの管理者はどんな人なのか、また読みやすい文章なのか、などにも注目すると、欲しい情報にたどり着くスピードも速くなると思います。

　また、英語が得意な人であれば、海外のサイトなどにも貴重な情報が膨大にあるので、そちらも利用するといいでしょう。もちろんArduino本家の「www.arduino.cc」は、最新版のIDEなどやサポート情報などが提供されているので、ときどきは覗くことも重要かもしれません。

(5) Arduinoを早く覚えるには

　Arduinoを早く使えるようになるには、多くの事例を自ら試しながら、実際に動かしてみることと、そこにある技術的なポイントを覚えることでしょう。その場合、つぎの4つのステップの繰り返しとなります（図1.26）。

1	**Arduinoと部品とを組み立て接続（配線）**

2	**PC上のIDEでサンプルスケッチを読み込み**

3	**スケッチをコンパイルし、Arduinoに書き込み起動（実行）と評価を実施**

4 スケッチの一部を修正し、新たな動きの確認

　新規にスケッチを作成した場合では、一発で思いどおりに実行できることは珍しいものです。多くの人が、スケッチを修正してみては、再度読み込みして実行させることを繰り返しています。
　また、部品を組み合わせることによって、より複雑なものを作り上げることができます。
　光センサーで測定した値で、LEDを明るくしたり暗くしたり、赤外線距離センサーを使って、スピーカの音を変えたりできます。

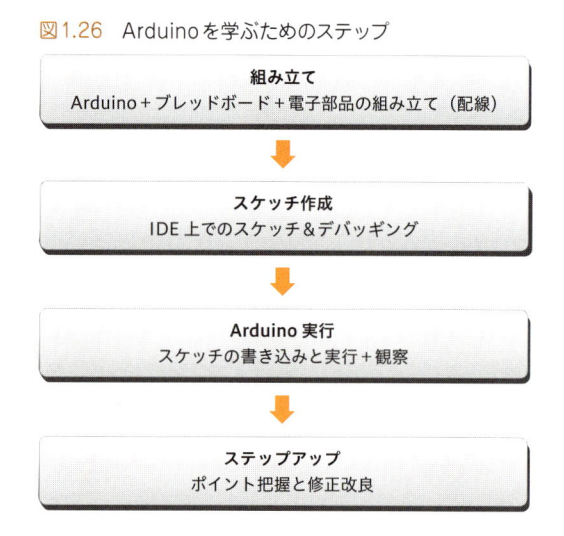

図1.26　Arduinoを学ぶためのステップ

```
┌─────────────────────────────────────┐
│            組み立て                  │
│ Arduino＋ブレッドボード＋電子部品の組み立て（配線） │
└─────────────────────────────────────┘
                 ↓
┌─────────────────────────────────────┐
│           スケッチ作成                │
│       IDE上でのスケッチ＆デバッギング      │
└─────────────────────────────────────┘
                 ↓
┌─────────────────────────────────────┐
│            Arduino実行               │
│       スケッチの書き込みと実行＋観察        │
└─────────────────────────────────────┘
                 ↓
┌─────────────────────────────────────┐
│           ステップアップ              │
│         ポイント把握と修正改良           │
└─────────────────────────────────────┘
```

第 2 章

Arduinoを動かしてみよう

ブレッドボードを使ったLEDと抵抗の接続例

I. 準備編

　本章では、さっそくArduinoを使って何かを動かしてみましょう。ここでは、すでにIDEに用意してあるサンプル・スケッチをPC上に呼び出し、それをArduino上で実行させてみます。
　スケッチの中に記述されている内容を紹介しながら、プログラミングとは何かを紹介していきます。まずは基本的なプログラミングの中の**コメント**や**変数**、それに**関数**などの理解を深めていきましょう。またその**処理の流れ**も見ていきましょう。
　ソフトウェア開発の経験者は、Arduinoとの連携がどうなっているかのポイントだけ注意して見ていってください。未経験者は、プログラムに含まれる用語とその意味、さらに処理の流れを理解するようにしていってください。
　この章の説明に沿ってArduinoを動かすだけで、Arduinoおよびソフトウェア開発、どちらの初心者でも、「いかにArduinoが簡単か」が理解できるようになっています。さらに、この章の内容を理解していくことで、つぎの第3章や第4章へ入る準備にもなっています。
　準備するものは、前半ではIDEがインストールされたPCとArduinoをUSBケーブルでつなぐだけです。後半はブレッドボードとワイヤーの使い方などを学んでいきます。それと、Arduino上の電子部品との関係で、互いの通信についても基本的なものを紹介します。

2.1 PCとArduinoとのUSBケーブル接続確認と注意事項

　デバイスドライバの設定については、「1.6　統合開発環境（IDE）の準備」の「PCとArduinoの接続のためのドライバ設定とその確認」（P.23）でも説明したとおりです。ArduinoのドライバがPC上にインストールされていれば、USBケーブルでPCとArduinoをつなぐだけで、IDE上のメニューバーの「ツール」にある「シリアルポート」にArduinoが認識できるようになります。

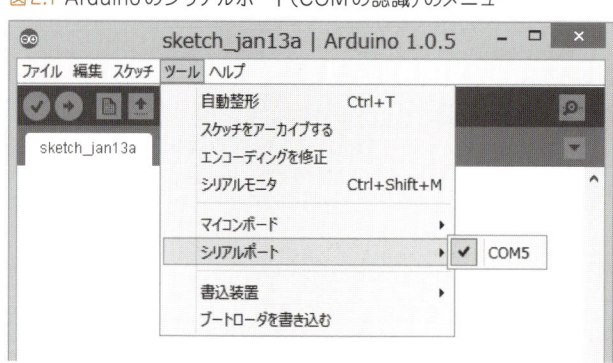

図2.1 Arduinoのシリアルポート（COMの認識）のメニュー

　図2.1に示すように、表示されたArduinoのCOM番号を選択して、PCとArduinoとを接続しま

す。ただし、複数のCOM番号が表示される場合には、第1章で説明した図1.22（P.24）にあるデバイスマネージャー画面でArduinoのCOMがどれなのかを確認してください。もしくは、一度、PCからArduinoを切り離し、どれが切り離されたかを確認し、再度Arduinoをつないで、どのCOM番号が追加されたかを再確認してください。

なお、USBケーブルを接続する際は、Arduinoのデジタル入出力ポートのD0やD1を使用する電子部品や拡張ボードは、あらかじめ取り外しておいてください。デジタル入出力ポートのD0やD1を使用する電子部品や拡張ボードは、ソフトウェアの組込みが終わった時点でつなぐようにしてください。もし取り外さないまま、PCとArduinoのUSBケーブルを使ってシリアル通信（D0とD1を利用）を行おうとすると、Arduinoの書き込みで次のような通信エラーが発生します。このエラーは、初心者の多くが陥りやすいものの1つです。

```
avrdude: stk500_getsync(): not in sync: resp=0x00
```

2.2 サンプル・スケッチを動かしてみよう

それでは、これから具体的にサンプル・スケッチを使って、その動かしかたを見て行きましょう。

最初の事例は、Arduino上での電子部品の組み立て（配線）はまったく不要です。またスケッチも、すでにIDEに組み込まれているサンプルの事例を使って動かしてみます。

(1) スケッチの作成（サンプル・スケッチの読み込み）

まずPC上のArduinoを起動し、図2.2のようにメニューバー「ファイル」から、「スケッチの例」を選択します。つぎに表示されるメニューの中の最上位の「01. Basics」を選択し、その中の「Blink」を選択します。

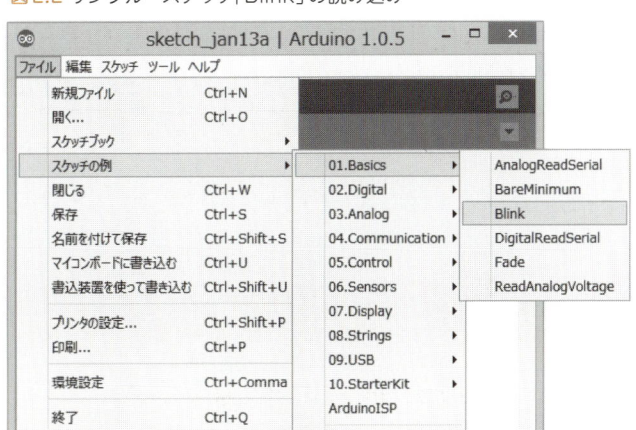

図2.2 サンプル・スケッチ「Blink」の読み込み

I. 準備編

　すると、図2.3のように、「Blink」のタブ名が表示され、スケッチ・エディタには、プログラムが表示されます。スケッチ2.1には、プログラミングの内容について簡単な説明を記載しておきます。

図2.3 サンプル・スケッチ「Blink.ino」

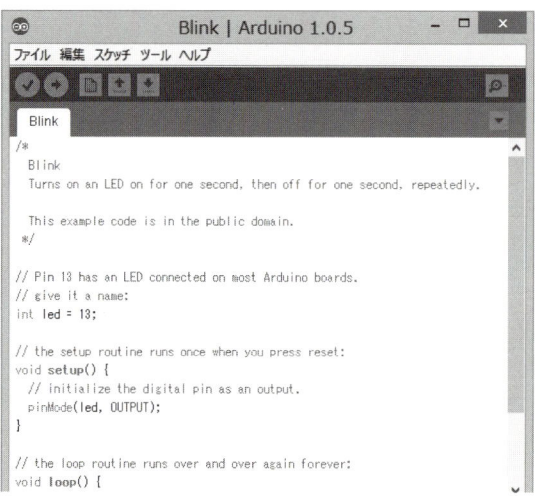

スケッチ2.1　サンプル・スケッチ「Blink.ino」

```
/*
  Blink
  Turns on an LED on for one second, then off for one second, repeatedly.   ← コメント

  This example code is in the public domain.
 */

// Pin 13 has an LED connected on most Arduino boards.   ← コメント
// give it a name:
int led = 13;   ← グローバル変数設定

// the setup routine runs once when you press reset:   ← コメント
void setup() {
  // initialize the digital pin as an output.
  pinMode(led, OUTPUT);                                  ← 初期設定関数
}                                                        ← コメント

// the loop routine runs over and over again forever:
void loop() {
  digitalWrite(led, HIGH);   // turn the LED on (HIGH is the voltage level)
  delay(1000);               // wait for a second
  digitalWrite(led, LOW);    // turn the LED off by making the voltage LOW   ← 繰り返し関数
  delay(1000);               // wait for a second
}                                                        ← コメント
```

(2) Arduinoの実行（コンパイルとスケッチ書込み、実行）

次に読み込んだスケッチをコンパイルし、Arduinoに書き込んでみます。

IDE上にサンプル・スケッチ「Blink.ino」（Arduinoの拡張子は「ino」）を読み込んだ状態で、図2.4に示すように、IDEのツールバーにある右矢印のアイコン（コンパイルとArduinoへの書き込み）「 ⊙ 」を選択すれば、スケッチのコンパイルとArduinoボード上への書き込みが行われます。

図2.4 スケッチのコンパイルとマイコンボードへの書き込みを行うアイコン選択

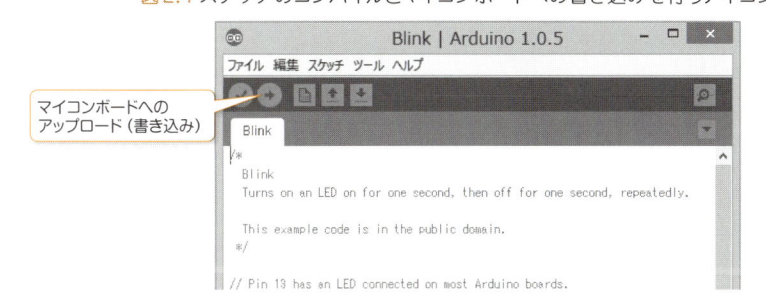

Arduinoへ書き込みが行われている間、Arduino上の3つのLEDが点滅します。これは、前述したように、デジタル入出力ポートのD0とD1を使ってシリアル通信を行っていて、アップロード（書き込み）の通信状態であることを示しています。

それでは、アップロードが終了した後、Arduino上のLEDで何が実行されているかを注意深く見てください（図2.5）。「L」のLEDが1秒間点灯し、1秒間消灯する繰り返しが確認できたらプログラム「Blink（明滅する）」は成功です。

図2.5 Arduino上の3つのLED

このように、PCとArduino、それにUSBケーブルだけあれば、動かすことができる簡単な例で、ほかの電子部品などは一切不要です。

(3) ステップアップ1「サンプル・スケッチを理解してみよう」

それでは、上記スケッチ2.1のサンプル・スケッチの中身を見ていきましょう。ここでは、サンプル・スケッチの内容を、上から下へと説明していきます。基本的なプログラムのコンパイルや**実行の処理は、上から下へと流れて行きます**。このことを気にしながら、内容を理解していってください。ただし、第3章で説明する制御文を使うと、繰り返したり、途中で処理を飛び越えたりもできます。

■ コメントについて

このスケッチには、多くの**コメント**が記述されています。コメントとは、プログラムの実行には無関係なもので、コンパイルでは無視されます。このコメント群は、人が見たとき、スケッチの中身が何であるかをわかりやすくするためのものです。このコメントの記述には、複数行にまたがる開始記号「/*」と終了記号「*/」の間で表す場合と、一行の途中からコメントする「//」で表す場合の2通りの方法があります。そしてコメントとして、2バイトコードの日本語を使うことができます。

スケッチ2.1のコメント行を抜き、実際にプログラムとして実行する文だけを取り出すと、スケッチ2.2のようになります。これが実際にArduinoへ書き込まれるスケッチとなります。

スケッチ2.2　サンプル・スケッチ「Blink」（コメント削除）

```
int led = 13;
void setup() {
  pinMode(led, OUTPUT);          // setup関数
}
void loop() {
  digitalWrite(led, HIGH);
  delay(1000);                   // loop関数
  digitalWrite(led, LOW);
  delay(1000);
}
```

■ 変数宣言について（変数定義と初期設定）

それでは、簡単になったスケッチの内容を見ていきましょう。まず先頭行を見てください。

```
int led = 13;
```

この行は、「**変数名**『led』は**整数型**で、**初期値**が13である」ことを意味します。変数の**型**である「int」は2バイト整数型を意味し、つぎの「led」（任意の英数字で表記）が変数名となります。そのあとの「=13」は、**初期値**の設定で、「=」（イコール）を使って13を設定しています。つまり「=」は、「右の項の値を、左の変数に代入する」を意味します。また最後の「;」（**セミコロン**）は、**文**（ステートメントとも呼ぶ）の区切り（終了）を意味します。

この変数「led」は、後述する**関数**「**setup**」や「**loop**」の前に定義されたもので、このような関数以外で定義されたものを**グローバル変数**と呼びます。このグローバル変数は、どの関数からでも使うことができます。この例では、setup関数およびloop関数の両方で使っています。

変数宣言について、一般的な書式を紹介しましょう。

変数宣言 変数を宣言する文
初期値がある場合：　　**型　変数名＝初期値；**
初期値がない場合：　　**型　変数名；**

先頭行の例では、初期値がある場合でしたが、初期値がない場合も設定できます。

それでは「int」の意味を詳細に説明しましょう。この「int」は、2バイト（16ビット）整数の型で、値の範囲は、－32,768から32,767までの**符号付**となります。この「int」以外の型については、別途説明します。

また、ここでの「led＝13」は、デジタル入出力ポートのD13ピンを使うことを宣言したものです。ただし、Arduinoでは、13番ピンにLEDをつなぐ必要はなく、基板上に「L」と表記されたLEDがD13に接続した代用として使われます。もちろん、Arduino上の13番ピンにLEDのプラス（LEDの長い方の足：アノードと呼ぶ）を接続し、その横の「GND」ピンにマイナス（LEDの短い方の足：カソードと呼ぶ）を接続させてもかまいません。

■ 初期設定「setup」関数について（関数の定義）

初期設定を行う「setup」関数を紹介しましょう。

スケッチ2.3　Blink内のsetup関数
```
void setup() {                           ← 引数なし
  // initialize the digital pin as an output.   ← 初期設定関数
  pinMode(led, OUTPUT);
}
```

この「setup」関数に限らず、一般的な**関数定義**について説明しておきます。

一般的な関数定義は、次の表現のように、**型**と**関数名**、それに**丸括弧**「（…）」で囲まれた**引数群**、それに**波括弧**「{…}」で囲まれた**処理群**によって表現されます。

一般的な関数（手続き関数含む）定義
型　関数名（引数群）｛
　　処理群；
｝

なお、手続き関数については第3章で説明します。この「setup」関数は、型宣言が「void」で、戻り値なしの意味となり、**初期設定を行う関数**となります。また、「setup ()」によって小括弧内に何もないことで、引数（群）なしとなります。戻り値については、次項で説明します。

> 初期設定関数 ※必須関数
> ```
> void setup() {
>     処理群;
> }
> ```

この「setup」関数は、まったく処理文がなくても必ず宣言すべき必須関数で、Arduinoが起動した時点で、どの関数よりも先に1度だけ実行される関数となります。

■ **デジタル入出力設定「pinMode」関数について（関数の利用）**

「setup」関数内に記述されている関数「pinMode」に着目してみましょう。

この事例では、「pinMode(led,OUTPUT);」のみが処理文（処理群の1つ）として書かれています。この「pinMode」関数は、すでにArduinoで宣言されている関数で、**組込み関数**（もしくはシステム関数）と呼びます。また、「led」変数と「OUTPUT」という**組込み変数（システム変数）**の2つが、「pinMode」関数の**引数**群となっています。なお、このシステム変数「OUTPUT」は、エディタの中で文字色が変わり識別しやすくなっています。

> 関数の使い方① 関数の戻り値を利用する場合
> 引数 ＝関数（引数群）;
> 関数の使い方② 関数の戻り値を利用しない場合か、戻り値がない場合
> 関数（引数群）;

一般に、関数は、戻り値（リターン値）を返すものと、返さないもの（型宣言を「void」としたもので、手続き関数とかプロシジャと呼ぶ）があります。戻り値を返す関数の場合には、その値を使って計算式に組み込んだり、引数に渡したりする使い方か、何も利用しない使い方の2つのいずれかが選択できます。

ここでの「pinMode(led, OUTPUT);」は、戻り値を返さない関数（手続き関数）で、「ledのピン番号は、デジタル出力（OUTPUT）として利用する」という意味となります。つまり、このピン番号では、出力系の部品（LEDやスピーカ、モータなど）を使うことを宣言しています。

■ **繰り返し「loop」関数について**

この関数「loop」も「setup」と同様に、「void」が付いて引数もありません。この「loop」関数も、Arduinoでは必須関数となります。つまり、繰り返しがなくても必ず定義しておく必要がある関数です。

スケッチ2.4　Blink内のloop関数

```
void loop() {
  digitalWrite(led, HIGH);   // turn the LED on (HIGH is the voltage level)
  delay(1000);               // wait for a second
  digitalWrite(led, LOW);    // turn the LED off by making the voltage LOW
  delay(1000);               // wait for a second
}
```
繰り返し関数

この「loop」関数は「**繰り返し関数**」を意味します。つまり実行中は、この「loop」で宣言された内容を繰り返し実行し続けます（**無限ループ**とも呼ぶ）。

繰り返し関数 ※必須関数
```
void  loop() {
    処理群；
}
```

■ デジタル出力「digitalWrite」関数と待機「delay」関数について（機能紹介）

それでは、スケッチ2.4の中の「loop」関数内に記載されている4行について説明しておきましょう。

まず「digitalWrite (led,HIGH)；」ですが、この関数も組込み関数で、引数「led」のピン番号に、引数「HIGH」（デジタル値がオンの状態：組込み変数）を設定するデジタル出力の設定を行います。

つぎの「delay（1000）；」は、待機関数「delay」で、引数の1000は、**ミリ秒単位**を意味し、1000ミリ秒間待機、つまり1秒間待機となります。この2行によって、デジタル出力（ledピン番号が、HIGHの状態）を1秒間継続します。

3行目の「digital（led,LOW）；」は、上述した「HIGH」が「LOW」（デジタル値がオフの状態：システム変数）に変わっただけで、4行目の「delay(1000);」と一緒になって、「デジタル出力（ledピン番号が、LOWの状態）を1秒間継続することになります。

ここでの「HIGH」と「LOW」も、Arduinoに組み込まれている変数（**組込み変数**）となります。

以上の説明から、この「loop」の繰り返し関数では、13番に接続されたLEDが、1秒間点灯した後1秒間消灯して、その繰り返しを行うことになることがわかります（図2.6）。

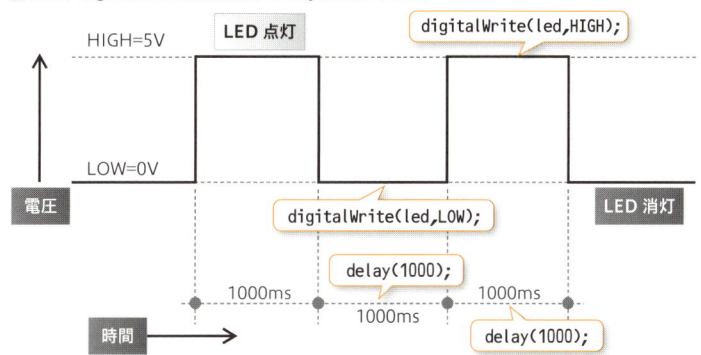

図2.6「digitalWrite」関数と「delay」関数の処理

I. 準備編

この図2.6に記載している「HIGH」と「LOW」の電圧は、5Vと0Vに近い値となります。ただし組込み変数そのものの値は、HIGH=1、LOW＝0となっていることに注意してください。

■ **フローの流れをフローチャートで確認する**

これらの流れを、**フローチャート**と呼ばれる図化したもので紹介しましょう。

このフローチャートは、プログラムの流れをわかりやすくしたもので、どのような処理が順次行われているかという手順を追っていくことができます。この例は単純なものですが、複雑なものになると、このフローチャートは有効活用されています。

モノづくりの世界では、一般に設計図面が必要となります。このフローチャートも、ソフトウェア開発分野の図面に相当するもので、初心者にもわかりやすい図化方法で、処理の流れを「見える化」しているものです。

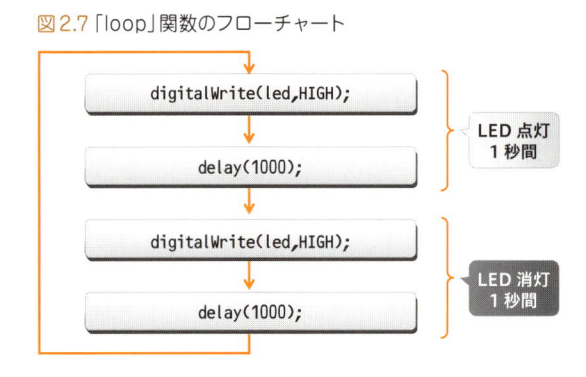

図2.7 「loop」関数のフローチャート

第3章以降も、このフローチャートを使って制御文などを説明します。

(4)ステップアップ2「サンプル・スケッチを変更してみる」

前項で説明した「loop」内の「delay」関数に設定されている数値を、いろいろと変えてLEDの点滅の違いを見ていきましょう。まずは、スケッチ2.5と2.6のように、「loop」関数内の「delay」の値を変えてみます。なお、これらのスケッチは冒頭部分を省略しています。

スケッチ2.5 サンプル・スケッチBlinkのdelay変更1

```
    :
    :
void loop() {
  digitalWrite(led, HIGH);   // turn the LED on (HIGH is the voltage level)
  delay(100);                // wait for a second
  digitalWrite(led, LOW);    // turn the LED off by making the voltage LOW
  delay(1000);               // wait for a second
}
```

繰り返し関数

2.3 PCとArduino間のシリアル通信（シリアルモニタ表示）

スケッチ2.6　サンプル・スケッチBlinkのdelay変更2

```
     :
     :
void loop() {
  digitalWrite(led, HIGH);   // turn the LED on (HIGH is the voltage level)
  delay(1000);               // wait for a second
  digitalWrite(led, LOW);    // turn the LED off by making the voltage LOW
  delay(100);                // wait for a second
}
```
＞ 繰り返し関数

　スケッチ2.5ではLEDの点灯時間が短くなり、スケッチ2.6では逆に消灯時間が短くなるのがわかるでしょうか？

　このように、「delay」関数の待機時間の引数を変更するだけで、LEDの点滅の変化を変えることができます。この「delay」関数は、つぎのような内容となっています。

> **待機関数**　ミリ秒単位の引数の時間で待機する関数
> ```
> delay(ms);   // ms: 待機するミリ秒時間
> ```

　それでは、スケッチ2.7のように、待機時間をさらに短くして「delay(1);」や「delay(5);」としてみてください。このように短い時間で点滅を繰り返すと、人間の目には、ほとんど点灯と消灯がわからなくなります。さらに、この時間の数値をいろいろと設定してみると、LEDが明るく輝いたり、また薄暗くなったりすることがわかります。

　ここではLEDを明るくしたり暗くしたりすることを、デジタル出力関数「digitalWrite」と待機関数「delay」を使って行いました。以降の章では、この処理を、アナログ出力関数を使って実現していきます。

スケッチ2.7　サンプル・スケッチBlinkのdelay変更3

```
     :
     :
void loop() {
  digitalWrite(led, HIGH);   // turn the LED on (HIGH is the voltage level)
  delay(1);                  // wait for a second
  digitalWrite(led, LOW);    // turn the LED off by making the voltage LOW
  delay(5);                  // wait for a second
}
```
＞ 繰り返し関数

2.3 PCとArduino間のシリアル通信（シリアルモニタ表示）

　本節では、Arduino上の動きの状態をPC上で確認していく方法を見て行きましょう。PCとArduinoがUSBケーブルでつながっている状態では、PC側からArduino側に電源を供給すると同時

I. 準備編

にシリアル通信を行うこともできます。このことはつまり、PCからArduinoにスケッチの実行形式を書き込んだり、またArduino側の動きを見たりすることができるということです。このように、PCとArduinoとの間でシリアル通信によるデータ送受信を行い、PC側にシリアルモニタを表示させ、その内容を確認ができるようになっています。

ここでは、PCとArduinoをUSBケーブルでつなぎ、簡単なスケッチをよって、シリアルモニタを使ったシリアル通信を行ってみましょう。

(1)スケッチの入力

スケッチ2.8のプログラムを記述してみてください。くれぐれも全角文字、特に全角の空白文字は入れないよう注意を払ってください。全角文字をわざと入れてエラー確認しても構いません。それでは、このスケッチの内容を説明していきましょう。

スケッチ2.8　シリアルモニタ表示サンプル・スケッチ

```
void setup(){
  Serial.begin(9600);
}
void loop(){
  Serial.print("*** Arduino test ****");
  Serial.println("+++ Uno R3 test +++");
  delay(300);
}
```

図2.8 シリアル通信テストのためのサンプル・「シリアルモニタ」表示ボタン

■ シリアル通信の開始宣言「Serial.begin」関数

初期設定「setup」関数の中（波括弧内）には、「Serial.begin(9600);」という1行があります。この「Serial.begin」関数はシリアル通信の宣言であり、PCとArduinoとの間の通信速度を引数として、9600（ボーレート：1秒間に行う変復調の回数）と設定しています。この通信速度は、後述する「シリ

2.3 PCとArduino間のシリアル通信（シリアルモニタ表示）

アルモニタ」画面の右下で設定する速度と一致させる必要があります（図2.9）。

> **シリアル通信開始** シリアル通信の開始
> `Serial.begin(bud);　// bud：通信速度、以下のいずれか（単位baud）`
> 　（300,1200,2400,4800,9600,14400,19200,28800,38400,57600,115200）

図2.9 シリアルモニタ表示画面例

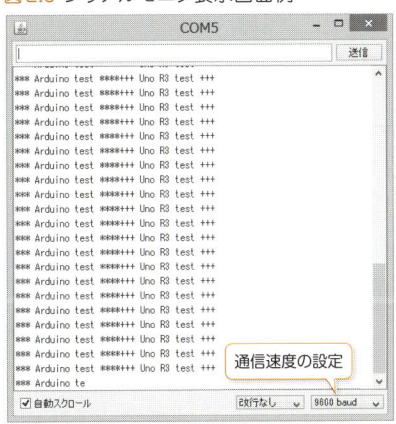

■ シリアル画面への表示「Serial.print」と「Serial.println」関数

　関数「Serial.print」と「Serial.println」は、シリアル画面上に引数の内容を表示させるものです。「Serial.print」関数は、表示した後にカーソルを移動したまま終了しますが、「Serial.println」関数は改行（つぎの行にカーソルが移動）を入れて終了します。

　この違いを理解するために、Arduinoにスケッチを書き込んだ後、シリアルモニタを表示させてみてください。その違いがわかります。

　また出力する引数の内容は、文字列や文字、数値（整数、実数）などが対象となります。また、「Serial.print」と仕様が似ている「Serial.write」という関数も存在します。この関数には、改行文字列として「" ¥n"」という文字を入れることができます。つまり、「Serial.println」関数ではなく、「Serial.write("+++ Uno R3 test ++++ ¥n");」としても同じような出力内容となります。

> **シリアルポートへの出力** シリアルモニタへの出力
> `Serial.print(data);　// 改行なし`
> 　　または `Serial.print(data,format);`
> `Serial.println(data); // 改行「¥n」あり`
> 　　または `Serial.println(data,format);`
> `Serial.write(data);　// 改行なし`
> 　　または `Serial.write(val,len);`
> 　　　data：出力する値。文字、文字列、整数、実数に対応
> 　　　format：実数の場合小数点以下の桁数、整数の場合表示型
> 　　　val：出力する値。値（1バイト）、文字列、配列
> 　　　len：配列の長さ

I. 準備編

(2)シリアル通信の活用

　シリアル通信は、Arduinoの変化や様子を見たり、PC側の値をArduinoに送ったりすることに活用できます。

　Arduinoの変化や様子ということでは、センサー値を調べたり、プログラムの途中の値を調べたり、デバッグしてプログラムの間違いなどを探すときに使います。

　また、PC側の値を見れば、キー入力した値やその他のデバイスマウスやテンキーなど）との連携に使ったりも可能です。

　センサーをつないで値を見るときには、このシリアルモニタを使うことがほとんどです。しっかりと覚えるようにしましょう。シリアル通信については、「7.5　シリアル通信を使う」でも別途解説しているので、こちらも参照してください。

2.4 ブレッドボードとジャンパワイヤを使ってみよう

　電子工作では、一般に電子部品を組み立てて、互いにジャンパワイヤ（ワイヤーケーブルとか、ジャンパケーブル、単にワイヤー、ケーブルと呼んだりする）をつないだり、ハンダ付けしたりする必要があります。また、一時的な利用の場合には、ブレッドボードとジャンパワイヤだけを使うこともあります。Arduinoの特長でも述べたように、このブレッドボードとジャンパワイヤを使うことで、誰もが簡単に電子部品を接続できるだけでなく、分解して別の電気・電子回路に配線しなおしたりと、いろいろと組み合わせができるため、初心者にとってとても便利なツールとなります。それにハンダ付けが不要で、配線が分かりやすいため、簡単・短時間で電子部品の組み立てができます。

　ここでは、ブレッドボードの仕組みと、ジャンパワイヤを使ったブレッドボードの利用方法を学びます。なお、電気には、流れの方向があるということに注意してください。電源（電圧）が供給され、それがグラウンド（GND）へと流れる仕組みとなっていることは、中学のときに習ったと思いますが、もちろん途中で断線していると電気は流れません。一般に、途中に電子部品があると、電子部品のプラス側から電流が入って、マイナス側へと通り抜けます。この電子部品には、**極性**があるものとないものがあります。極性とは、プラス側とマイナス側があらかじめ決まっているものです。電源側とGND側を間違えてつなぐと壊れるものもあります。十分気を付けるようにしてください。なお、本書で紹介している電子部品は、極性を間違えても簡単には壊れないものを扱ってします。

(1)ブレッドボードの仕組みを知ろう

　一般的なブレッドボードの仕組みを見てみましょう。ブレッドボードは、標準となる同じピッチ（間隔2.54mm：0.1インチ）でピンが差し込める仕様となっていて、図2.10に示すように、縦方向、横方向それぞれに通電する仕組みとなっています。

　図2.10の上下両端にある2行（ライン）のピン穴は、横に通電していて、主に電源とGNDに利用し

ます。中央部のところは、上下2つに分かれ、ともに縦に通電したピン穴となっています。こちらは、主に電子部品を載せたりします。また上下中間部は、通電はしておらず、ICチップなどピンをまたいで配置して使う電子部品で利用します。

図2.10 一般的なブレッドボードの通電の構成と使い方

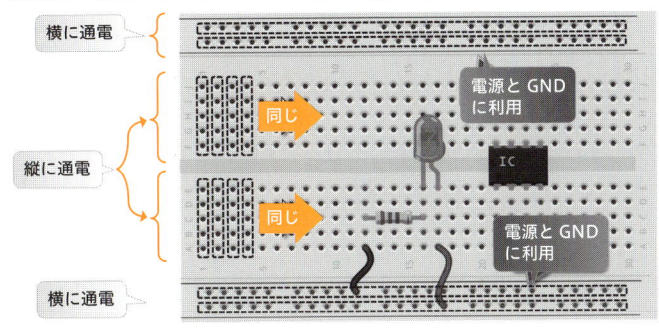

(2) ブレッドボードを利用してスケッチを動かしてみよう

図2.11のように、ブレッドボード上にLEDと抵抗（1KΩ程度）を好きなピン穴に位置に差し込み、つぎにジャンパワイヤ4本を使ってArduinoのD13ピンと、そのすぐ横のGNDピンに差し込んでみてください。

図2.11 ブレッドボードを使ったLEDと抵抗（1KΩ）による接続

この図の場合、D13番ピンから電源を取っており、電流は図の矢印の方向に、ブレッドボード上とジャンパワイヤ上とLED、抵抗を通って、最終的にはArduino側のGNDに流れていることになります。

I. 準備編

　それでは、本章の最初に紹介したスケッチ2.1「Blink.ino」をIDE上に読み込み、Arduinoに書き込んで動かしてみてください。LEDが前と同じように点滅することが確認できたでしょうか。またジャンパワイヤをつなぐピン穴の位置をずらしたりして、ピン穴間の接続が説明していることと合っているかどうかを確認してください。

2.5 アナログ・デジタル入出力とシリアル通信を知る

　Arduinoを使いこなすためには、アナログとデジタルの知識は必須となります。図1.10のインタフェースの構成図（P.13）にも示したように、Arduinoボードには、**アナログ入力ポート**と**デジタル入出力ポート**を持っています。さらにアナログ出力も**PWM**（**パルス幅変調**）を使ってデジタル入出力ポートが利用できます。

　アナログとデジタルの違いは、知っている人のほうが多いと思いますが、簡単に述べれば、アナログは連続系の数値の遷移で、デジタルは離散系となります。グラフで示せば、図2.12のような波形の違いとなっています。

図2.12 デジタル波形とアナログ波形

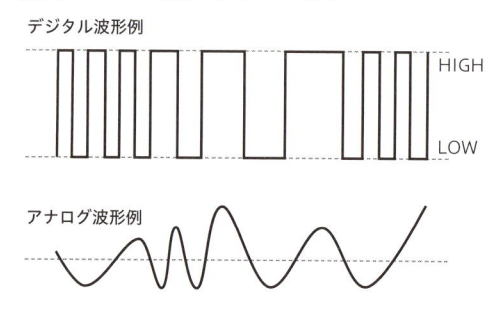

　ここでは、Arduinoでのアナログとデジタルの入出力の違いを紹介します。またシリアルモニタを含むシリアル通信についても紹介しておきます（図2.13）。

図2.13 Arduinoのアナログおよびデジタル通信

(1)アナログ入出力

　Arduinoのアナログ入出力ポートの位置を図2.14に示します。入力ポートと出力ポートのピン位置が異なること、そして出力ポートは特定のピン番号であることに注意してください。そしてアナログ出力ポートは、ボード上に「〜」マークが付いたポートで、D3、D5、D6、D9、D10、D11の6ピンとなります。

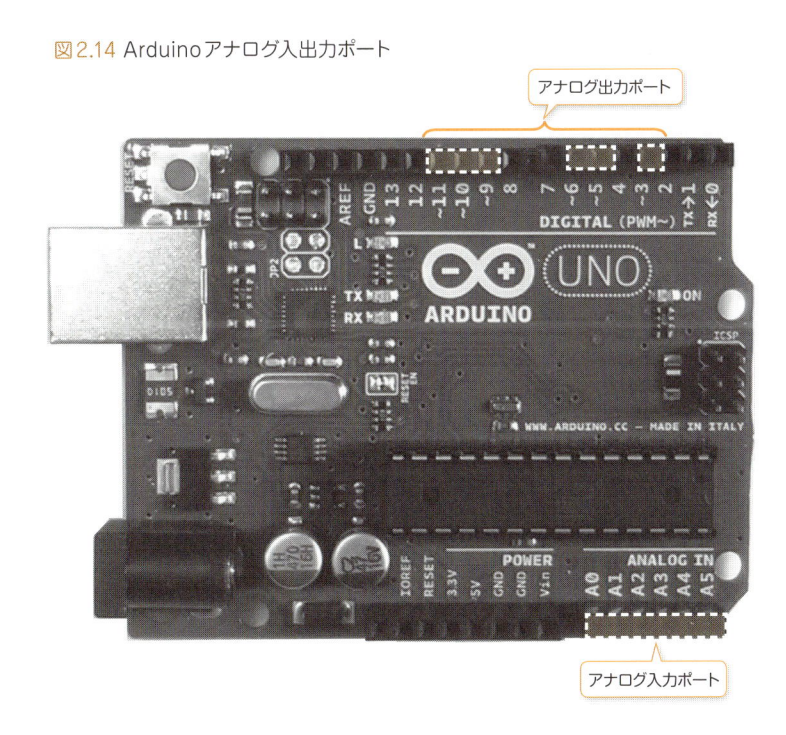

図2.14 Arduinoアナログ入出力ポート

　アナログ入力の場合には、センサーなどをつないで出てきた値を取り出します。この場合のアナログ値は0〜5Vです。アナログ入力には「analogRead」関数を使いますが、出てくる値は0〜1023（0〜5V）の戻り値となります。

　なお、アナログ出力の場合には0〜5Vまでの値を出力できますが、利用する「analogWrite」関数は、0〜255（0〜5V）の引数となります。

(2)デジタル入出力

　Arduinoのデジタル入出力は、LOW（＝0：0V）とHIGH（＝1：5Vまたは3.3V）のいずれかで通信します。Arduino UNOでは、デジタル入出力が、デジタル入出力ポートのD0番ピンからD13番ピンのほかに、アナログ入力ポートのA0番ピンからA5番ピンまで利用できます。アナログ入力ポートのA0番ピンはD14番ピンに、A1番ピンはD15番ピンにと続き、A5番ピンはD19番ピンに割り当てられています。

図2.15 Arduinoデジタル入出力ポート

デジタル入出力ポート

拡張したデジタル入出力ポート

　このデジタル入出力できる電子部品には、スイッチやLED、スピーカなどがあります。また、このデジタル入出力ポートを使ってシリアル通信も行うことができます。

(3)シリアル通信機能

　ここでは、Arduinoの持つシリアル通信機能について簡単に紹介しておきます。すでに「2.3　PCとArduino間のシリアル通信（シリアルモニタ表示）」で説明したシリアルモニタの機能もシリアル通信を使って行っていますが、そのほかにもシリアル通信バス（I2CとSPI）を使った機能もArduinoでは利用できます。これらのシリアル通信機能について表2.1にまとめておきます。

表2.1　Arduinoシリアル通信関連一覧

比較項目	UART	I2Cバス	SPIバス
非同期／同期	非同期式	同期式	同期式
連続接続	不可	複数スレーブ接続可	複数スレーブ接続可
バス		SCL（シリアル・クロック） SDA（シリアル・データ）	SCK（シリアル・クロック） 単方向SDI、SDO
利用対象	簡単な通信	双方向SDA通信	高速な通信処理
Arduino UNO R3 使用ポート （図1.10参照）	D0,D1ピン ソフトシリアル通信も可能	A4,A5ピン、SCL,SDAピン	D10,D11,D12,D13ピン
利用ライブラリ	SoftwareSerial ライブラリ利用	Wireライブラリ利用	SPIライブラリ利用

　今後、高度な電子部品を接続するときには、シリアル通信を使って行う場合もあるので、詳細は別途詳しい資料を参考にしてください。

第 3 章

プログラミングの基本を知ろう

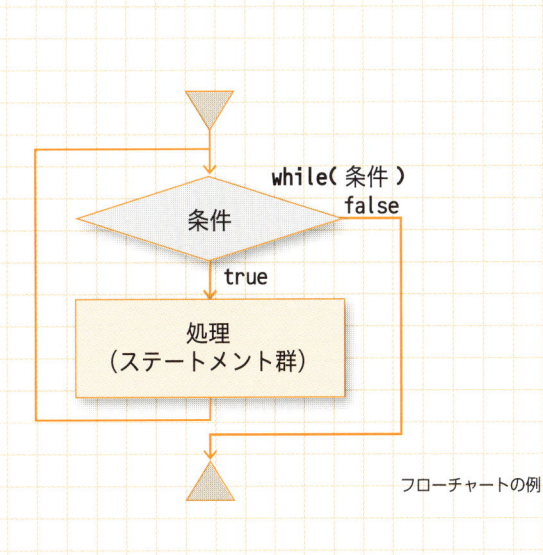

フローチャートの例

Arduinoのマイコンボードを動かすには、プログラミングが必要です。プログラミングには、覚えるべき基本的なことがいくつかあります。これらを事前に知っておくことで、トラブルでの無駄な時間（デバックなど）を少なくすることができます。

Arduinoのプログラミング開発言語はC言語系で、オブジェクト指向のC++に準じた高度な言語がベースとなっていて、Arduino言語と呼ばれることもあります。ArduinoのIDEでは、このプログラム言語の文法にそったエラー処理を行い、機械語にコンパイルしてリンクし、それをマイコンボードのArduinoに送信（アップロード：書き込む）し、実行するようになっています。

本章では、Arduinoのプログラミングの基本的な**構文ルール**（単に**文法**とも呼ぶ）、それに変数や関数、制御文などを中心に紹介していきます。一度、さらっと頭に入れ、後は忘れたときに確認する程度で、辞書のように使ってください。また詳細な文法などを知りたい場合には、ほかのC言語やC++言語の専門書を参考にしてください。

3.1 はじめに知っておくべきこと

(1) どういう仕組みでArduinoを動かすか

Arduinoは、一般のマイコンボードと同じで、図3.1に示すように、CPU（中央演算装置）やメモリーを持ち、また外部とのインターフェイスを持っています。

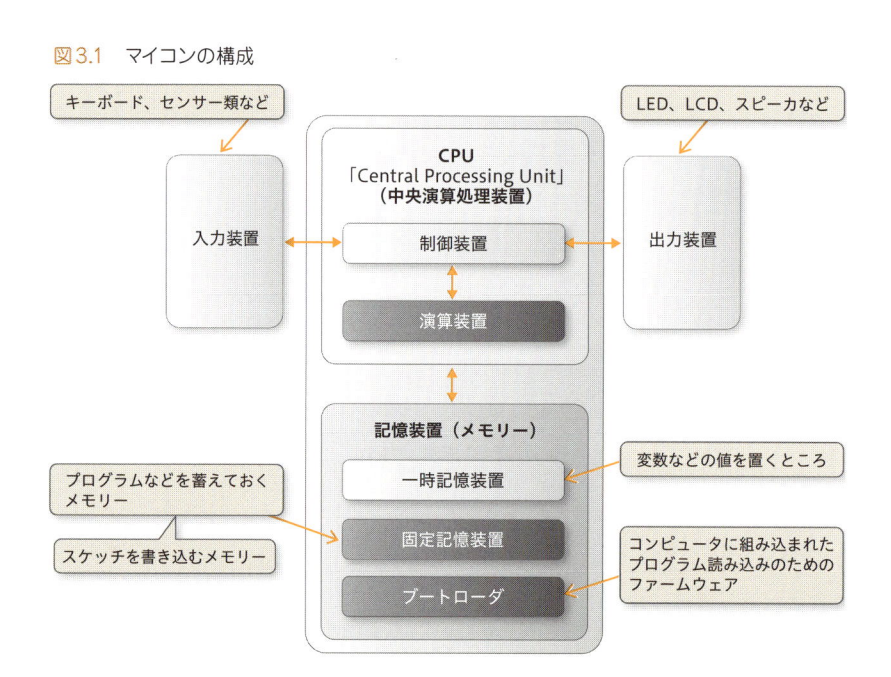

図3.1 マイコンの構成

```
                    CPU
                「Central Processing Unit」
                  （中央演算処理装置）
キーボード、センサー類など              LED、LCD、スピーカなど
        ↓                                    ↓
   ┌─────────┐      ┌──────────┐      ┌─────────┐
   │ 入力装置 │ ←→ │ 制御装置  │ ←→  │ 出力装置 │
   └─────────┘      └──────────┘      └─────────┘
                          ↕
                     ┌──────────┐
                     │ 演算装置  │
                     └──────────┘
                          ↕
                  記憶装置（メモリー）
                     ┌──────────┐
                     │一時記憶装置│ ← 変数などの値を置くところ
   プログラムなどを   └──────────┘
   蓄えておくメモリー  ┌──────────┐     コンピュータに組み込まれた
                     │固定記憶装置│ ← プログラム読み込みのための
   スケッチを書き込む └──────────┘     ファームウェア
   メモリー           ┌──────────┐
                     │ブートローダ│
                     └──────────┘
```

Arduinoのメモリーは、揮発性の一時記憶メモリーと、不揮発性の固定記憶メモリーとブートローダを持ちます。一時記憶メモリーには、プログラムが実行されるたびに宣言された変数の値などが保存されます。また不揮発性のメモリーには、コンパイルされた実行形式のプログラムが記憶（固定記憶装置）されたり、電源が入った状態でプログラムが実行したりするもの（ブートローダ）が保存されています。

不揮発性メモリーは、電源が切れても消去されることはなく、再び電源が入ると、最初からプログラムが動き始めます。

また、Arduino上のリセットボタンを押した場合や、シリアルモニタを起動した場合でも、最初からプログラムが動き始めます。

以下に、Arduino上にあるスケッチを起動（プログラム実行）するまでをまとめておきます。

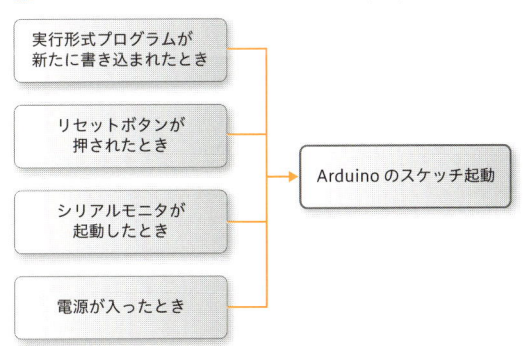

図3.2 Arduinoのスケッチ・プログラム起動

- 実行形式プログラムが新たに書き込まれたとき
- リセットボタンが押されたとき
- シリアルモニタが起動したとき
- 電源が入ったとき

→ Arduinoのスケッチ起動

(2) プログラムとコンパイル・ダウンロード

Arduinoのスケッチは、IDE上で作成することを前章で学びました。このスケッチ（プログラミング）は、図3.3に示すように、PC上のIDEでコンパイルされて実行形式プログラムに変換（コンパイル）されます。さらに、できた実行形式のプログラムは、USBケーブルを使ってArduino上に書き込まれます（アップロード）。これによって、Arduino上で、スケッチが動くようになります。

図3.3 PC上IDEのスケッチからArduino上への書き込みまで

Arduino IDEで開発
スケッチ　開発言語C言語　プログラミング
＋
既存ソフト

→ コンパイル（検証）→ 実行形式プログラム → マイコンボードへ書き込み

- ここでエラーが発生するとデバッグ処理が必要
- 実行形式プログラムはコンパクトになる
- 開発言語は、人間が読めるコードであること
- ヘッダーファイルなど
- 関連する既存ソフトと合わせて、機械語に変換

このPC上のIDEでのコンパイルでは、プログラミングの構文チェックを行い、エラー処理や、機械語への変換、それに他のライブラリ（ヘッダーファイルなど）との連携（リンク）などを行い、実行形式のプログラムを作成します。

(3)デバッグを含むトラブルシューティングについて

　IDEを使ってプログラムをコンパイルするときのエラー処理や、実際にArduino上でプログラムが思うような動きをしないときの改修や改善処理を**デバッグ**と呼びます（そのほかにも、オブジェクト指向言語の改善作業としてリファクタリングと呼ぶ作業もあります）。

　これらの作業は、時間の浪費でしかなく、なるべく短時間に終わらせる工夫が必要となってきます。もちろん経験の積み重ねもありますが、デバッグそのものポイントを知っておく必要があります。

　プログラミングの初心者では、新規にプログラムを作成したときに、**構文エラー**が少なからず発生します。これを回避するには、基本的な文法を知ることや、デバッグ情報を正確に読み取ることが必要となります。この章では、主にIDE上の開発言語でのスケッチの構文ルールなどを学んでいきます。ただ、IDE上で出てくる英文によるエラー表示は、別途理解していくようにしてください。

　そのほかハードウェア関連のトラブルも多く発生します。前章で挙げたPCとArduinoとの接続関係にも注意を払う必要があります。さらに一部の電子部品では、Arduinoにプログラムを書き込んだ後につなぐ必要なものもあることに注意してください（対象は、デジタル入出力ピンのD0とD1を使う電子部品）。

　図3.4に、Arduino利用でのさまざまなエラー発生（トラブル）を挙げておきます。

図3.4 Arduinoを使うときのトラブル

- PCとArduinoの接続エラー
- Arduinoと電子部品との配線エラー
- プログラミングコンパイルエラー（文法ミス含む）
- プログラミング処理エラー（論理エラー）
- 通信制御エラー デジタルおよびアナログ シリアル通信エラー

3.2 C言語の基本的な決まりごとを知ろう

　IDEでは、多くが標準のC言語やC++言語の文法に沿って記述していきます。ここでは、C言語の基本的な決まりごとをまとめておきます。まずは一通り目を通しておいてください（スケッチの実行部分は、すべて半角文字で記述します）。

(1) 空白の扱い

　空白文字（1バイト半角の空白文字）は、入れる場所によってはエラーとなることがあるので注意してください。たとえば後述する比較演算子の中の1つ「==」は等しいという意味ですが、間に空白は入れられません。またコメント以外での2バイト空白文字（全角文字の空白）はエラーとなります。これは初心者がよく起こすエラーの1つです。

```
x == 4;        // 正しい
x = = 4;       // ==の間に空白がありエラーとなる
s =　"abc";    // =の後には全角空白文字がありエラーとなる
```

> **コラム**　全角の空白文字は見つけにくいものです。エラーメッセージとして以下のように表示されます。
>
> ```
> プログラム名:15: error: stray '¥' in program
> ```
>
> これは、15行目に空白文字でエラーとなったメッセージです。
> このような場合には、文字置換（キーボードでコントロール「F」を押す）を使って、全角（2バイト）空白文字を、半角（1バイト）空白文字に変換することで簡単に修正できます。

(2)コメントの記述

コメントについては、すでに第2章でも紹介したように、複数行にわたる場合は「/*」と「*/」で囲み、1行の場合は「//」と記述した後の文字列がコメントとなります。また、日本語のコメントも記述できます。

```
【複数行のコメント】
/* 複数行にわたる
コメント群*/

【1行のコメント】
int  no =255;  //  コメント行
```

(3)数値定数

整数の場合は、10進数だけでなく、16進数、8進数、2進数などの表記もあります。実数の場合には「1.23」などと記述します。そのほか、**符号なし整数**や、4バイト（long型）整数などの表記もあります（表3.1）。

表3.1　数値定数の種類

数値定数	例	説明
実数	3.12, -2.45, 1.234E2(=1.23×102=123.4)	―
10進数	345	―
16進数	0X13, 0x13	先頭に「0X」か「0x」を付ける
8進数	0172	先頭に「0」を付ける
2進数	B11010	先頭に「B」を付ける
符号なし整数	123U, 123u	最後に「U」か「u」を付ける
4バイト整数	123L, 123l	最後に「L」か「l」を付ける

(4)型宣言

型（タイプ）は、データや関数のタイプを意味するもので、宣言などに利用します。

Arduinoのデータや関数の「型」宣言で使えるのは、表3.2に示したものがあります。関数の場合には、この他にあとで紹介する「void」も利用できます。

表3.2　データや関数の型宣言一覧表類

型	容量	内容	備考
boolean	1バイト	真偽（ブーリアン）	true（=1）またはfalse（=0）
char	1バイト	文字（ASCIIコード）	－128～＋128

byte	1バイト	バイト	0～255
int	2バイト	整数（＝short）	－32768～＋32767
unsigned int	2バイト	符号なし整数	0～65536
long	4バイト	ロング整数	－2,147,483,648～＋2,147,483,647
unsigned long	4バイト	符号なし整数	0～4,294,967,295
float	4バイト	実数	－3.4028235E+38～＋3.4028235E+38
double	4バイト	実数（floatと同じ）	－

この中で「unsigned」は、整数宣言の「int」や「long」と一緒に使います。

また、たまに「uint8_t」「uint16_t」「unit32_t」などがスケッチ内に出てくることがありますが、これらは、それぞれ「byte」「unsigned int」「unsigned long」と同じ意味となります。

(5)文字列と文字

複数の文字の表記を文字列と呼び、1バイトの文字と区別します。文字列は複数文字を意味し、ダブルクォーテーション「"」で囲みます。文字は半角1文字を意味し、シングルクオーテーション「'」で囲みます。Arduinoでは、コメント以外での日本語などの全角文字（2バイトコード以上）はほとんど使用できません。

```
文字列："text string"
文字：'c', 'x'
```

日本語表記を利用したい場合は、**文字コード**や**コード変換**に関する知識が必要となります（ここでは割愛します）。

(6)識別子とキーワード

識別子はユーザが記述するもので、変数名や関数名などがあります。なお、先頭文字を英文字かアンダースコア「_」で記述します。

```
正しい識別子：zzzz, x200, x_2, _3
間違った識別子：'x02, 0xyz, x*2d（途中に演算子がある）, int（キーワード）
```

間違った例にある**キーワード**（**予約語**）は予約文字列であり、あらかじめ内部宣言されている文字列です。そのため、キーワードと同じ文字列は使わないようにしてください。

このキーワードは、Arduinoの「lib」内フォルダーにある「keywords.txt」に記載されています。また、LCDやSDメモリーカードなどを使う場合、追加の**ライブラリ**でもキーワードが宣言されています。表3.3に、主に使うキーワードを紹介しておきましょう。

表3.3　キーワード一覧

HIGH（5V設定）※	char（文字宣言）	new（インスタンス宣言）
LOW（0V設定）※	class（クラス宣言）	null（ヌルポインタ）
INPUT（入力設定）※	const（定数宣言）	public（パブリック宣言）
OUTPUT（出力設定）※	continue（継続）	return（戻り値）
DEC（10進数）※	default（switch文の省略処理）	short（＝int：2バイト整数宣言）
BIN（2進数）※	do（do-while処理）	signed（符号付き）
HEX（16進数）※	double（4バイト実数＝float）	static（静的変数宣言）
OCT（8進数）※	else（if-else文）	String（文字列クラス）
PI（円周率π＝3.141592・・・）※	false（ブーリアンの偽）	switch（分岐制御文：caseと組み）
HALF_PI（1/2倍円周率＝π/2）※	float（4バイト実数＝double）	this（自分自身のインスタンス）
TWO_PI（2倍円周率＝2π）※	for（繰り返し制御文）	true（ブーリアンの真）
boolean（ブーリアン宣言）	if（分岐制御文）	unsigned（符号なし）
break（処理群からの中断）	int（2バイト整数宣言）	void（「なし」の型宣言）
case（switch文の場合分け）	long（4バイト整数宣言）	while（繰り返し制御文）

※印は組込み変数

表3.4は、主な演算関数キーワードです。

表3.4　演算関数キーワード一覧表

abs（絶対値）	floor（丸め：切り捨て）	round（丸め：四捨五入）
acos（アークコサイン：逆余弦）	log（対数）	sin（サイン：正弦）
asin（アークサイン：逆正弦）	map（範囲変換）	sq（平方）
atan（アークタンジェント：逆正接）	max（最大値）	sqrt（平方根）
cos（コサイン：余弦）	min（最小値）	tan（タンジェント：正接）
degrees（ラジアン→度変換）	radians（度→ラジアン変換）	
exp（指数）	random（乱数発生）	

そのほか表3.5に、Arduino独自の通信関連のキーワードを掲載しておきます（内容は割愛）。

表3.5　通信関連キーワード一覧

analogReference	digitalWrite	pinMode
analogRead	digitalRead	pulseIn
analogWrite	interrupts	shiftIn
attachInterrupt	millis	shiftOut
detachInterrupt	micros	tone
delay	noInterrupts	
delayMicroseconds	noTone	

(7)式と演算子(オペレータ)

C言語では、**式**(代入式や条件式など)が重要な役割を担います。式は、演算子を使って表記します。この**演算子**には、算術演算子や関係演算子、論理演算子、そのほか代入演算子、ビット演算子、剰余演算子などがあります。

表3.6 演算子一覧

分類	演算子	意味	式の例	結果
算術 (int x = 6, y= 5としてzを求める例)	+	加算	z = x + 1;	z = 7
	-	減算	z = x - 2;	z = 4
	*	乗算	z= x * 2;	z = 12
	/	除算	z = x / 2;	z = 3
	%	剰余	z = x % 4;	z = 2
	++	+1	z=y++;(または++y)	z = 6
	--	-1	z=y--;(または--y)	z = 4
関係 (int i=5, j=3, k=3; の例)	==	等しい	j==k;	true
	!=	等しくない	j!=k;	false
	>	より大きい	i>j;	true
	<	より小さい	i<j;	false
	>=	以上	i>=j;	true
	<=	以下	i<=j;	false
論理 (byte x=0xF9 つまり2進数でx=[1111 1001] byte y=0x01 つまり2進数でy=[0000 0001]の例)	&	論理積(AND)	x & y	1(true)
	|	理論和(OR)	x | y	[1111 1001] = 0xF9 = 249
	^	排他的論理和(XOR)	x ^ y	[1111 1000] = 0xF8 = 248
	||	論理和(関係/評価)	x || y	1
	&&	論理積(関係/評価)	x && y	1
	!	否定(NOT)	!x	0
代入 (int x=5の例 変数 演算子=式;で利用)	+=	加算代入	x+=3;	x = 8;(x自身に3加算)
	-=	減算代入	x-=3;	x = 2;(x自身に3減算)
	*=	乗算代入	x*=2;	x = 10;(x自身に3乗算)
	/=	除算代入	x/=2;	x = 2;(x自身に2の除算。結果は整数)
	%=	剰余代入	x%3;	x = 2;(x自身の3の剰余)
ビット (byte x=0x96, y; つまり x=[1001 0110](2進数)の例)	>>	右シフト	y = x<<2;	x=[0101 1000] つまり x=0x58=88;
	<<	左シフト	y = x>>3;	x=[0001 0010] つまり x=0x12=18;
	~	1の補数	y= ~x;	x=[0110 1001] つまり x=0x69=105;
条件	?:	if-else文の代わり	var= 条件?式1:式2; → if(条件){var=式1;} else{ var=式2;}"	—

(8)文（ステートメント）と処理群

　文とは、構文上の1つの処理単位を意味します。複数文を用いる場合、文の区切りはセミコロン「;」を使います。また、複数の文を制御文などにまとめて作る場合には、**波括弧**「{」と「}」を使って行います。本書では、複数文のことを「**処理群**」として紹介しています。また関数定義での処理群もおなじ扱いとなります。

> { 処理(文); 処理(文); 処理(文); } ⇒ { 処理群 }

(9)関数

　関数についての詳細は、3.5節で詳しく述べますが、ここでは関数の定義についてのみ簡単に紹介しておきます。

> 型 関数名(引数群) { 処理群 }

　先頭の「型」は、戻り値のデータ値の型となります。つぎの「関数名」は呼び出しに使う名前となり、「引数群」は関数に渡す入力データ群となります。さらに「処理群」は、処理(文)の集合体となります。「戻り値」は、処理群の中に、つぎのように「return」を使って値を返します。

> **return** 値;

　ここでの「引数群」や「戻り値」は、必ずしも存在する必要はありません。戻り値がない場合の型には「void」を使います。戻り値がない関数は、**手続き関数**（**プロシージャ**）と呼ぶこともあります。

(10)プリプロセッサ

　プリプロセッサとは、コンパイル時の前処理として自動で行われるもので、ソースコードを加工するのに利用します。具体的には、ソースコード上に出てくる条件付き挿入文や実行プログラムなどのプリプロセッサを、ほかのファイルから、ソースコードに展開していきます。IDEでは、つぎのようなプリプロセッサが用意されています。

```
#include <ヘッダーファイル名>
#define 文字列 置換する式、数字、文字列
##
#条件付きコンパイル
#import
```

特によく利用するものとして、#include（関数群の読み込み）や#define（定数の宣言）、それに条件付きコンパイル処理などがあります。

3.3 変数を使ってみよう

ここでは、IDE上でスケッチを作成していくときに必要となる基本的なことを学んでいきましょう。まずは、変数とは何かを紹介し、制御文を使って変数を変更することを理解していきましょう。そのほかのプロプロセッサを使った変数設定や、オプションステートメントのconstやstaticの扱いなども紹介しておきます。

(1)変数を使ってみる

スケッチ3.1は、第2章で紹介した「Blink.ino」のコメントをすべて除いたものです。変数名「led」は、初期値を「13」にして「setup」関数内および「loop」関数内で、3ヶ所用いています。この初期値を、例えば「led=12」変えるだけで、実行時には変数「led」の3ヶ所も置き換わります（「led=12」に変更した場合は、実際の実行時前に、LEDの長い方の足をデジタル入出力ポートのD12番ピンに挿入し、短い方の足はGNDに挿入する必要があります）。

スケッチ3.1　Blink.ino（コメント削除）
```
int led = 13;
void setup() {
  pinMode(led, OUTPUT);
}
void loop() {
  digitalWrite(led, HIGH);
  delay(1000);
  digitalWrite(led, LOW);
  delay(1000);
}
```

それでは、つぎに待機関数「delay」の中に設定している時間（ミリ秒）を、変数「mtime」（変数名）を使って定義してみましょう。このように変数定義を先に行うことで、プログラムの内容がわかりやすくなり、変更も容易になります。

スケッチ3.2　変数「mtime」を使ったBlink
```
int led = 13;
int mtime = 1000;
void setup() {
  pinMode(led, OUTPUT);
}
void loop() {
  digitalWrite(led, HIGH);
  delay(mtime);
  digitalWrite(led, LOW);
  delay(mtime);
}
```

(2)計算式や制御文を使って変数を変えてみる

　つぎに、**計算式**や**制御文**「if」を使って変数の値が変わっていくスケッチを紹介しましょう。スケッチ3.3の中の変数「mtime」の値に着目してください。実際に稼働させるとLEDはどのような変化をするか推測してみましょう。実際に動かしてみて、どうだったでしょうか。

スケッチ3.3　変数「mtime」を変更したBlink
```
int led = 13;
int mtime = 500;    // 変数mtimeに500を初期設定
void setup() {
  pinMode(led, OUTPUT);
}
void loop() {
  if( mtime <= 0 ){
    mtime = 500;
    } // mtimeが0以下の場合、再度500に設定
  else {
    mtime -= 50;
            } // mtimeがそれ以外の場合、50を引く
  digitalWrite(led, HIGH);       // LED点灯
  delay(500    -    mtime);      // LED点灯の時間
  digitalWrite(led, LOW);        // LED消灯
  delay(mtime);                  // LED消灯の時間
}
```

　このスケッチでは、変数を使って値を変えることで、より複雑な動きをすることがわかったでしょうか。ここでの「if」制御文は、すぐ後の「(mtime<=0)」の部分が、「もしmtimeの値がゼロ(0)より小さい場合は真で、それ以外は偽」を意味し、その後の処理を行います。つまり「真」(true)の場合には「mtime = 500；」とし、「偽」(false)の場合には「else」以下の処理で以下の処理を行っています。

3.3 変数を使ってみよう

図3.5 if－elseを使ったフローチャート

```
        ┌─────────────┐
        │  mtime<=0   │────false────┐
        └─────────────┘             │
              │ true                │
              ▼                     ▼
       ┌─────────────┐      ┌─────────────┐
       │ mtime = 500;│      │ mtime -= 50;│
       └─────────────┘      └─────────────┘
              │                     │
              └──────────┬──────────┘
                         ▼
            ┌──────────────────────────┐
            │ digitalWrite(led,HIGH);  │   } LED 点灯
            └──────────────────────────┘
            ┌──────────────────────────┐
            │ delay(500 - mtime);      │
            └──────────────────────────┘
            ┌──────────────────────────┐
            │ digitalWrite(led,Low);   │   } LED 消灯
            └──────────────────────────┘
            ┌──────────────────────────┐
            │ delay(mtime);            │
            └──────────────────────────┘
```
（if-else 処理）

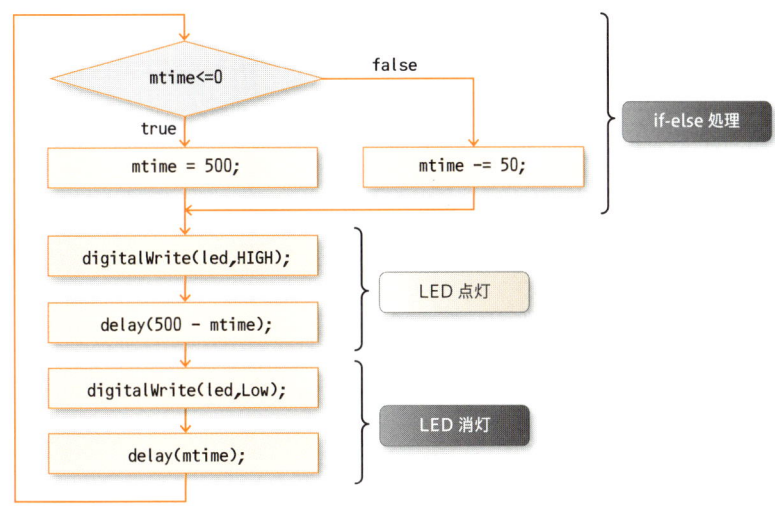

```
mtime -= 50;
```

この処理は、代入演算子の「－=」を使っていて、左辺の変数「mtime」の自身の値から、「50」を引くことを意味します。C言語特有の省略式で、以下のような計算式と同じとなります。

```
mtime  = mtime - 50;
```

この場合、右辺の計算式から、左辺の変数に値を代入する処理を行いますが、このことは多くのソフトウェア開発言語の基本となっています。これまで学校で学んできた算数や数学の代入での「1＋2＝3」などの左辺から右辺に値が渡るとは逆の意味となります。

よって、「if」制御文の2行の処理の意味は、「もし、mtimeが0以下になると、mtimeを500に戻し、それ以外では、mtime自身をマイナス50する」となります。

この処理は、以下の式と同じになることも理解してください。

```
if( mtime>0) { mtime  -= 50; }
else         { mtime = 500;  }
```

変数は、三角関数や数学的な計算式を使ったり、さらに制御文などの処理によって値を変更していくことで、このような複雑な動きをすることがわかったでしょうか。

ここで紹介した制御文「if－else」以外にも、後述する「while」文や、「do－while」文、「for」文などの制御文があります。これらの制御文が、プログラミングでの動きを変える重要な要素となっています。

(3)プリプロセッサを使った変数設定

変数を設定する上では、前節(9)で紹介したプリプロセッサ「#define」を使った方法もあります。

```
#define LED 13
```

この場合、注意すべきところは、「=」と「;」がないことです。このマクロ展開の「#define」は、「LED」を「13」に置き換える処理をするという意味で、宣言された以下のスケッチ内の「LED」と表記されたものが、すべて「13」に置き換えられます。この場合、変数名は大文字で記述するのが一般的です。大文字にすることで、他の変数名と区別しやすくなります。

スケッチ3.4 「#define」を使った変数設定

```
#define LED 13              // プリプロセッサによるLED設定
void setup() {
  pinMode(LED, OUTPUT);
}
void loop() {
  digitalWrite(LED, HIGH);  // LEDが13に置換される
  delay(1000);
  digitalWrite(LED, LOW);   // LEDが13に置換される
  delay(1000);
}
```

(4)constとstaticの変数を知る

変数の定義でのオプション設定2つを紹介しましょう。

変数定義の記述式

(オプションステートメント) データ型 変数名(=初期値);

このオプションステートメントは、任意に設定できるもので、型宣言の前に「const」(定数化)や「static」(静的)などを付けます。「const」を付けた変数宣言を紹介しましょう。

```
const int led=13;
```

constを付ける場合、変数に初期値を設定します。変数値は定数化の宣言となり、コンパイル時に「led」が「13」に置き換わります。このことで、実行形式のプログラムのメモリー容量を少し小さくすることができます。実際に、「const」を付けた場合と、取り除いた場合の違いを、IDEの表示画面に出てくる「コンパイル後のスケッチのサイズ:」の後の数値を比較してみてください。「const」を付けた場合が、明らかに小さくなっているのに気付くでしょう。

「static」を付けた変数宣言では、最初の宣言されたときだけ初期化が実行されます。その後は宣言処理は実行されません。以下のスケッチ3.4の中の「static」がある場合と、取り除いた場合について、シリアルモニタ画面を開いて比較確認してみてください。「static」が付いた宣言では、値がカウントアップしますが、取り除いた場合には、常に変数が初期化されて「1」と表示されます。

スケッチ3.5 「static」を使った変数宣言
```
void setup() {
  Serial.begin(9600);    // シリアル通信速度設定
}
void loop() {
  static int     i=0;    // 静的変数iの宣言（初期値＝0）
  Serial.println(i++);   // iの印刷後カウントアップ
  delay(1000);
}
```

(5) 変数の範囲とメモリーサイズを知る

データ型には、「int」「char」（文字）「float」（実数）などがあります（表3.2に一覧表としてまとめています）。また、2バイト整数の「int」などは、データの範囲が、－32768から＋32767までとなりますが、正の値だけで処理する場合には「unsigned」を用い、データ型を「unsigned int」として宣言します。この場合のデータの範囲は、0から65536までの値を使うことができます。

それから、変数のメモリーサイズを知るための「sizeof」関数があります。文字型「char」の場合でメモリーサイズなどが変わる際に利用することがあります。

(6) 型変換キャストを知る

整数や実数を扱う式では、型変換キャストが必要となります。実数を整数にしたり、逆に整数を実数にしたりするときには、括弧付きの型を添えて型の変換を行います。

つぎの例では、xとy、zが整数や実数に関わらず整数（切り捨て）に変更されて、xに設定されます。

```
x = (int)(y/3.0 + z);
```

つぎの実数への型キャストの例は、Arduinoのアナログ入力を読み取った後の変換式としてよく利用します。その場合、「analogRead(A0)」によるアナログ入力ポートのA0番ピンから読み取った値は0から1023の整数値で、それを実数化しています。

```
x = (float)analogRead(A0)/1023.0*5.0;
```

なお、1023.0と5.0を整数の1023と5としても、計算は実数として計算されます。

(7) グローバル変数とローカル変数の活用範囲（スコープ）を知る

変数には、**グローバル変数**と**ローカル変数**があり、利用できる範囲が異なります。この利用範囲のことを**スコープ**と呼んでいます。グローバル変数は、すべての関数で使える変数で、すべての関数の外で宣言しておく必要があります。一方、ローカル変数は一部の範囲でしか利用できません。特にローカル変数は、波括弧「{ }」の中で定義されたものは、その波括弧内で、かつ定義された行以下のところでしか利用できません。波括弧が**入れ子**（ネスティング）になっている場合には、注意が必要となります。

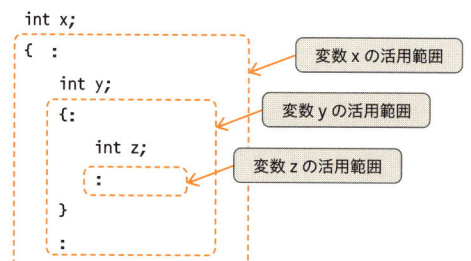

図3.6　ローカル変数の活用範囲（スコープ）

```
int x;
{ :
    int y;
    {:
        int z;
        :
    }
    :
}
 :
```

- 変数 x の活用範囲
- 変数 y の活用範囲
- 変数 z の活用範囲

3.4　制御文を知ろう

ここでは**制御文**と呼ばれるものを理解していきましょう。複雑な動きをする場合には、制御文を用いてプログラムを記述していきます。制御文を理解するために、ここでは**フローチャート**を用いて説明していきます。

(1)「判断」と「繰り返し」

制御文は、「**判断**」と「**繰り返し**」の2つの基本的な処理に分かれます。

「判断」は「分岐」とも呼ばれ、値などを比較する条件文などが含まれ、つぎの行の文の処理を行うか、またほかの文の処理にジャンプするかを制御します。

「繰り返し」は、同じような処理を何度も繰り返すときの処理となります。

具体的な「判断」をする制御文は、つぎのようなものがあります。

> 「判断」の制御文
> - `if-else`制御文
> - `switch`制御文
> - `while`制御文

また、「繰り返し」をする制御文は、つぎのようなものがあります。

> 「繰り返し」制御文
> - `for`制御文
> - `while`制御文
> - `do-while`制御文

以上の「while」制御文は、「判断」と「繰り返し」を兼ね備えたものや、「for」制御文でも「判断」を含んだ処理もありますので、注意が必要となります。

以下、これらの制御文について説明していきましょう。

(2) 変化を判断する（if−else制御文）

まず「if−else」を紹介します。この制御文の基本的な文法を以下に示します。条件が真（true）の場合、つぎの波括弧内の処理群を実行します。条件が「偽」（false）の場合には、何も処理されないか「else」以下の処理群を実行します。

> **ifまたはif−elseの制御文の記述式**
> - `if(` 条件 `) {` 処理群 `}`
> - `if(` 条件 `) {` 処理群a `}`
>   `else {` 処理群b `}`
> - `if(` 条件a `) {` 処理群a `}`
>   `else if(` 条件b `) {` 処理群b `}`
>   `else if(` 条件c `) {` 処理群c `}`

それでは、この「if−else」制御文のフローチャートを示してみましょう（図3.7）。

図3.7 「if−else」制御文のフローチャート

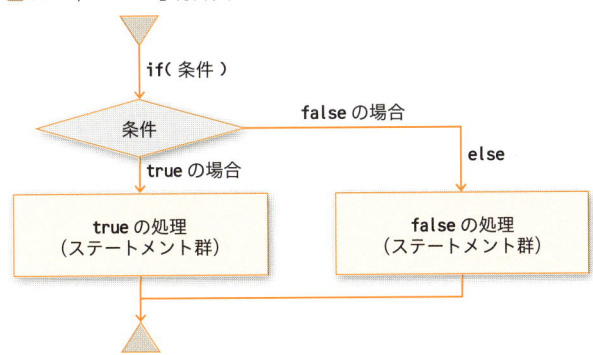

なお、この制御文の使い方は、3.3（2）で紹介したとおりです。

(3)変数や値による分岐を整理（switch－case制御文）

つぎに「switch－case」文を紹介しましょう。この制御文は、一般的には「switch」「case」「break」「default」文などを使って分岐処理を行います。「switch」文のつぎに続く括弧内のある条件（変数の値や戻り値）が特定の値になった場合、その特定の値ごとに処理を行う制御文となります。その使い方の仕様をつぎに示します。

```
switch－case制御文の記述式（一般的な使い方）
switch(条件)   //  条件は「変数や戻り値」
{ case 値1: 処理群1 ; break;   // 変数値が値1のとき処理群1を実行
  case 値2: 処理群2 ; break;   // 変数値が値2のとき処理群2を実行
     :
  case 値n: 処理群n ; break;   // 変数値が値nのとき処理群nを実行
  default: 処理群;             // 変数値がそれ以外のとき処理群を実行
}
```

ここでは、「case」の後に続く「値1～値n」が特定の値であり、その値ごとに「処理群1～処理群n」を実行します。また、ここで注意すべき点は、特定の値の後に「:」（コロン）があることと、「case」終わりごとに「break;」が使われていることです。この「**break**」文は、「switch」文以下にある波括弧内から抜ける（脱出）ために使われています。「break」文の使い方は3.4（6）を参照してください。

また最後の「**default**」文は、どの「case」文の値にも一致しなかった場合に実行される「処理群」が記述されています。

それでは、「switch－case」文のフローチャートを紹介しましょう。図3.8は、わかり易さを重視したため、フローチャートとして正しく描けているものではありませんが、「switch」文の括弧内の条件判断を1つのダイヤ（フローチャートのひし形）内に収めています。

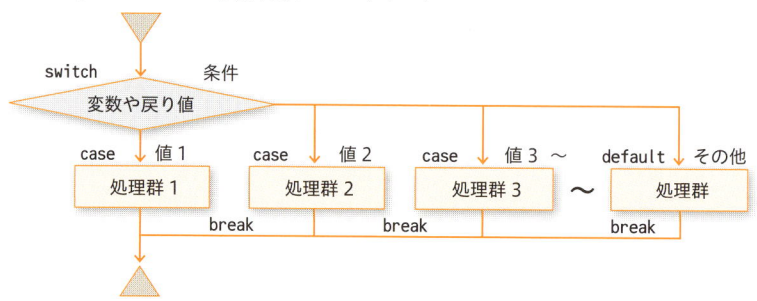

図3.8 「switch－case」制御文のフローチャート

それでは、この「switch－case」文を使った事例を紹介しましょう。スケッチ3.6は、シリアルモニタを使って、キーボードから入力されたキーの中で小文字の「a」と「b」のみを判断して大文字の「A」と「B」に変換し、それをシリアルモニタ画面に表示させるものです。

実行後、キーボードから「a」や「b」、またそれ以外を入力してリターンキーを押します。すると「A」と「B」が表示されたり、何も表示されなかったりします。

スケッチ3.6 「switch－case」制御文を使った例

```
void setup() {
  Serial.begin(9600);   // シリアル通信速度設定
}
void loop() {
  char ch =Serial.read();   // キーボードからの読み込み
  switch (ch) {
  case 'a':
      Serial.print('A');   // 小文字'a'を大文字に変換して表示
      break;
   case 'b':
      Serial.print('B');   // 小文字'b'を大文字に変換して表示
      break;
  }
}
```

(4)変数で繰り返してみる（for制御文）

つぎは、プログラミングでの繰り返し処理を行う制御文を紹介しましょう。Arduinoでは、「for」「while」「do－while」が、この繰り返しの制御文として使われます。

まず、「for」文ですが、つぎの記述式となります。

for制御文の記述式
for(初期処理； 条件； 変更処理) { 処理群 }

ここでの処理は、図3.9のように、まず①「初期処理」を行い、つぎに②「繰り返し条件」を判定し、③真であれば「処理群」を実行し、偽であれば「for」の処理を終了します。③の「処理群」の終了後は、④「変更処理」を行い、②の繰り返し判定へと戻ります。

図3.9 for制御文のフローチャート

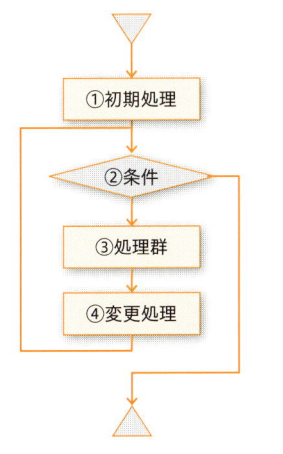

この「for」文を使った例として、変数をカウントアップするスケッチを紹介しておきます。この例の結果は、シリアルモニタ画面に0から9までの数字が改行されて表示されます。

スケッチ3.7　「for」制御文を使った例
```
void setup() {
  Serial.begin(9600);      // シリアル通信速度設定
  for(int i=0; i<10; i++) {
    Serial.println( i );   // iの値を表示後改行
  }
}
void loop() { }
```

(5) 条件で繰り返してみる（while制御文とdo－while制御文）

繰り返し文には、for以外にもwhileを使った文が2つあります。その1つがwhile制御文です。

while制御文の記述式
```
while( 条件 ) { 処理群 }
```

もう1つはdo－while制御文です。

do－while制御文の記述式
```
do { 処理群 } while( 条件 )
```

これらの違いは、条件が偽「false」の場合に、while制御文は一度も処理群を通らずに抜けることがある一方で、do－while制御文は必ず1度は処理群を通るということです。この違いを理解して利用するようにしてください。

それでは、図3.10に「while」文のフローチャートを、図3.11に「do－while」文のフローチャートを紹介しましょう。

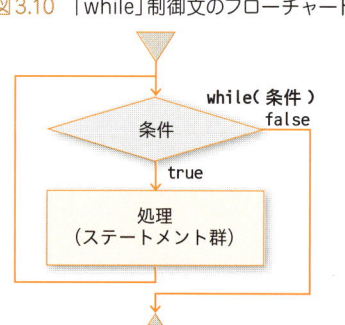

図3.10　「while」制御文のフローチャート

図3.11 「do－while」制御文のフローチャート

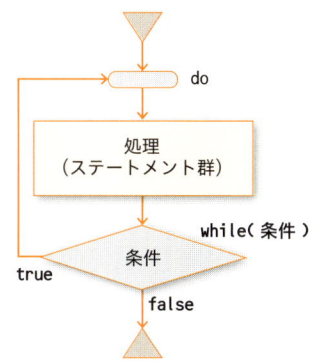

この2つの制御文を使った例をスケッチ3.8に紹介しておきます。

スケッチ3.8 「while」と「do－while」制御文を使った例
```
void setup() {
  Serial.begin(9600);// シリアル通信速度設定
  int i=2;
  do{  Serial.println(i--);   // do－while内でカウントダウン
  } while(i>0);
  Serial.println("--------");
  while(i<0) {
    Serial.println(i++);      // while内でカウントアップ
  }
  Serial.println("--end--");
}
void loop() { }
```

このサンプルスケッチでは、最初の「do－while」は変数「i」の数だけ繰り返します。この例では初期値は「2」なので2回繰り返します。しかしつぎの「while(i<0)」では、すでに「0」となっているため中の処理は行われません。結果は、つぎのようになります。

```
2
1
--------
--end--
```

ここで、後のほうの「while(i<0)」を「while(i<1)」と変えてみてください。今度は、1回だけ「while」内の処理が実行されます。

なお、loop関数内でプログラムの実行を中断する場合には、「while(true);」または「while(1);」を使います。この処理は、無限ループに入ることになり、この処理から抜けることはなく処理の中断となります。

(6) break文の利用

「break」文は、制御文などの繰り返し中や処理群の途中で、抜け出たい場合に使う便利なものです。この「break」文は、「switch－case」文でも紹介しましたが、そのほかの制御文（if、for、while、do－while）の途中でも利用することができます。

例えばスケッチ3.9ですが、これはアナログ入力ポートのA0番ピンからの入力値が60以上（ここでは条件式「60<analogRead(A0)」）の場合に繰り返します。一方、時間変数「tm」を使って経過時間が30000ms（＝30秒）以上になった場合には処理を中断するようになっています。

スケッチ3.9　break文を使った例

```
// このままでは動きません

long tm = millis();   // millis()関数はArduino起動からのミリ秒時間を返す
while( 60<analogRead(A0) )
  { if( millis()-tm > 30000 ) break; }
```

最初の行で、Arduinoの起動時からの時間経過を示す組込み関数「mills」を使って、その値をいったん時間変数「tm」に保管しておきます（millis関数は、3.6（⑤）を参照）。

その後、「while」文の中のif制御文を使った条件「millis()-tm>30000」で、「30秒を超えると中断（break）する」を行っています。つまり、A0番ピンの入力値がずっと60以上であっても、時間経過が30秒を超えると、このwhile文から抜け出ることになります。このような一定の時間経過で処理を打ち切るテクニックは、いろいろな場面で出てきますので参考にしてください。

(7) プログラムの流れを考える（アルゴリズム）

プログラムの記述方法は、与えられた課題に対して、けっして1つだけではありません。つまり回答が1つとは限らないのです。いろいろな記述方法があり、人それぞれ千差万別です。効率的なプログラミング技術や、わかりやすいプログラミング方法が必要となります。最近のPC上のソフトウェア開発は、以前よりもプログラミングの効率を追い求めることは少なくなりました。PCのメモリー容量も大きくなり、CPUの処理速度もそれほど気にならなくなってきたためです。

しかし、Arduinoのような、コンパクトなメモリーとCPUもそれほど速くない環境だと、効率的なプログラミングに集中した構成が必要となります。特にメモリーを効率よく使う方法や、処理速度も速くする方法は必要です。このようなプログラミングでは、技巧的な処理（テクニック）が必要となってきます。この技巧的な処理のことをプログラミングの世界ではアルゴリズムと呼びます。日本語では算法と呼んだりしますが、多くのテクニックが過去の資産として作成されてきています。

ここでは詳細なアルゴリズムは紹介しませんが、今後実力をつけていくに際には、アルゴリズムを意識したテクニックを備えるようにしてください。

3.5 関数を使ってみよう

　関数には、**組込み関数**（システム関数とも呼ぶ）と呼ばれるものと、ヘッダーファイルなどで呼び込まれる**外部関数**、それに**ユーザ定義関数**があります。組込み関数は、あらかじめ定義されているもので、前述した「pinMode」「analogRead」「delay」などの関数があります。外部関数には、Arduino上で特殊なセンサーやシールドなどを利用する際に、メーカ側などがヘッダーファイルなどで提供している関数群などがあります。またユーザ定義関数とは、新たに定義して自由に使う関数のことです。

　ただ、「setup」関数と「loop」関数は、特別に必要な関数であり、この2つの関数の型と引数はともに「void」と決まっています（3.6 (6) 参照）。ここでは、ユーザ定義関数について紹介していきます。

(1) 関数とは

　関数を使う目的は、プログラムの中で、処理文の繰り返しを避けて共通して使うとか、長い文をわかりやすく分割して使うことです。

　関数の宣言は、第2章と3.2の (9) 項でも紹介したように、つぎのような書式となり、システムの入力、処理、出力の意味合いとも共通したものがあります（システムについては1.7の (1) 参照）。

```
型 関数名（引数群） { 処理群 }
```

つまり、関数の引数群が入力部分で、処理群が処理部分、それに型として戻り値によって値を返すものが出力部分となります。例えば、華氏温度（°F）を摂氏温度（°C）に変換する関数を紹介しましょう。

スケッチ3.10　ユーザ関数例①（華氏温度計算式）
```
// このままでは動きません
// 華氏温度計算式

float ctemp(int ft) {    // 戻り値実数の関数宣言（引数ftは整数）
    return (5.0/9.0*(ft-32.0));
}
```

　この関数は、入力となる引数が「int ft」の華氏温度となり、処理となる計算式が「9.0/5.0*(ft-32.0)」で、その結果を、「return」を使って戻り値として返します。

　つぎに、このユーザ定義関数を使って、シリアルモニタ画面で、華氏と摂氏の対応温度表を出力するスケッチを紹介します。

スケッチ3.11　ユーザ関数例②(シリアルモニタ画面表示)
```
void setup(){
  Serial.begin(9600);   // シリアル通信速度設定
  int   f;   // 華氏温度変数定義
  float c;   // 摂氏温度変数定義
  for (int f=0; f<100; f+=10 ) {   // 華氏温度を0から100まで10刻みでカウントアップ
    c = ctemp((float)f);           // 華氏温度から摂氏温度への変換式の関数利用
    Serial.print( f ); Serial.print(" F : ");   // 華氏温度表示
    Serial.print( c ); Serial.println(" C");    // 摂氏温度表示
  }
}
void loop() {
float ctemp(int ft) {// 華氏温度から摂氏温度への変換式関数
    return (5.0/9.0*(ft-32.0));
}
```

この実行した結果は、つぎのように表示されます。

```
 0 F : -17.78 C
10 F : -12.22 C
20 F :  -6.67 C
30 F :  -1.11 C
40 F :   4.44 C
50 F :  10.00 C
60 F :  15.56 C
70 F :  21.11 C
80 F :  26.67 C
90 F :  32.22 C
```

(2) void型の引数と戻り値

　引数は、関数への引き渡し(入力)の値となり、データの型と変数名が対となって、複数宣言することになります。しかし、この引数をまったく宣言しなくても構いません。戻り値も同様に、値を返さない関数もあります。

　この場合の関数宣言は、「void」を使って宣言します。この戻り値のない関数を「**プロシージャ**」とか「**手続き関数**」などと呼んだりします。Arduinoの必須関数の「setup」関数と「loop」関数は、型宣言および引数ともにvoid型となっています。

(3) 再起呼び出しを知ろう

　C言語には、関数の再起呼び出し(リカーシブとも呼ぶ)機能があります。これは自分自身を関数の中で呼び出す構造となります。例えばつぎの例は、引数(整数) i までの階乗計算の結果を返す関数です。

```
int fn(int i) {   // 引数iまでの階乗計算式
    return(i>0 ? i*fn(i-1) : 1);
}
```

この再起呼び出し機能は、知的な処理などで利用されるテクニックで、古くは検索（探索問題）などで利用されていました。Arduino上でプログラムのテクニックを学ぶのも面白いかもしれません。ただし、メモリー消費量が多いので注意も必要となります。

(4)知っておきたい外部関数群

Arduinoで使える一部の電子部品やシールド群では、ヘッダーファイルによる外部関数がすでに用意されているものもあります。わざわざ自作しなくても、外部関数を呼び出して使うだけで、スケッチが簡単に作成できます。

これらの外部関数群は、電子部品やシールドごとに提供されているので、インターネット上で製品番号などから検索しダウンロードして使うようにしてください。

3.6 よく使うものを知っておこう

ここでは補足情報をまとめておきます。いずれも重要な内容となっているので、一通り目を通しておいてください。

(1)配列

配列は、データの集合体のことで、一次配列から高次配列まで定義することができます。配列を使う場合には、**鍵括弧**「[ ]」を使って値の書き込みや読み込みを行います。また、初期設定では、**波括弧**「{ }」を使って行います。それでは、例を使って見てみましょう。

```
int x[] = {2, 4, 5, 6, 9};
char ch[] = {'a', 'x', 'y', 'c'};
char weekday[7][4] = {"Mon", "Tue", "Wed", "Thu", "Fri", "Sat", "Sun"};
```

この例の「weekday」の配列では、最初に「[7][4]」と定義しています。Arduinoでは、文字の長さの「[4]」（区切りのヌル文字「¥0」含む）を設定する必要があること注意してください。

(2)構造体

構造体は、データを組み合わせる場合にはとても便利です。例えば日付の構造体「date」を定義する場合、年月日と曜日の集合体としてつぎのように定義します。

```
struct date {int year; byte month; byte day; char wday[4];};
```

また、利用する場合には、つぎのようにします。

```
date oday,nday;
```

つまり、構造体を定義すると、新たな型として「date」が使えることになります。さらに、構造体内の変数設定や複写については、つぎのように行うことになります。

```
oday.year = 2013;
oday.month = 12;
oday.day = 11;
strcpy(oday.wday, weekday[2]);
```

なお構造体同士の複写は、つぎのように簡単にできます。

```
nday=oday;
```

このように、複雑な集合体のデータ型として構造体を利用するととても便利なので、スキルアップを図るときはぜひ挑戦してみてください。

(3)文字・文字列関数

表示系のシリアルモニタやLCDなどを使う場合には、文字処理が必要となります。その場合、文字列の連結、検索、比較、複写といったものをよく使うことになります。ここでは、これらの簡単な関数を紹介しておきます。

表3.7　文字列処理関数一覧

文字関数	説明
strcat	文字列の連結
strchr, strstr	文字列の文字検索、文字列の文字列検索
strcmp, strncmp	文字列の比較
strcpy	文字列の複写
strlen	文字列の長さ

このほかにも「String」クラスを使った処理や、C言語特有のポインタを使った文字列処理もありますが、これらは省略します。

(4)時間制御関数

Arduinoには、ミリ秒やマイクロ秒で制御できる関数があります。これらの関数を使うことで、開始時間からの制御や、ある一定間隔での制御などができます。時間制御については、後述する「7.1 タイマー機能を使う」を参照してください。

表3.8 時間制御関数一覧

時間制御関数	説明
millis()	Arduinoが起動してからの時間(ミリ秒)を返す
micros()	Arduinoが起動してからの時間(マイクロ秒)を返す
delay(ms)	待機時間(ミリ秒)msを設定
delayMicroseconds(us)	待機時間(マイクロ秒)usを設定

(5)Arduinoのsetupとloop関数と標準C言語のmain関数の関係

Arduinoのスケッチの中で、この2つの関数は必ず宣言する必要があります。

Arduinoに必須のsetup関数とloop関数の記述
```
void setup()
{
}
void loop()
{
}
```

標準C言語では、一般にmain関数が必要となりますが、これらの関係は、つぎのとおりとなっています(Michael Margolis著「Arduino Cookbook」(Oreilly & Associates Inc)より引用)。

```
int main(void)
{ init();
  setup();
  for(;;)
    loop();
  return 0;
}
```

このinit関数はハードウェアの初期化を行っていて、ユーザはその後setupとloopを定義する必要があります。

(6)困ったときにどうするか

　Arduinoを使うときは、何度もトライ＆エラーの繰り返しで、いろいろと体験して覚えていくことでしょう。しかしコンパイル時のデバッグだけでもたいへんで、ハードウェアまで含めた知識も必要となり、複雑なものを完成させるには、多くの経験と時間が必要となってきます。

　これらの時間を短縮するには、既存のトラブルシューティング集や、インターネット上の情報を活用することが大事です。トラブルに巻き込まれたら、いち早い原因追究と、その対策を見つけ出す工夫を行ってください。

第II部 基礎編

第1章において「システムは、入力と処理、それに出力からなる」と説明しました。また、Arduinoでの「入力」はセンサー類の電子部品で行われ、「出力」するデバイスとしてはスピーカーやLEDといったものがあるとも紹介しました。また第2章では、Arduino通信によるアナログ入出力とデジタル入出力を解説しました。さらに第3章では、「処理」を行うプログラミングについて説明しました。さて、いかがでしょうか。ここまでで、ある程度初歩的なArduinoのプログラミングについては理解できていませんか？

　この基礎編では、Arduinoの入力と出力に関係する電子部品のデジタルとアナログに着目し、その違いと制御（プログラミング：処理）について解説します。

　多くの電子部品は、その特性によって、入出力をアナログで行うかデジタルで行うかがあらかじめ決まっています。しかし、Arduinoでは、電子部品のアナログとデジタルの入出力を、それぞれ異なる関数で対応します。第4章と第5章では、これら基本となる関数を使って、アナログとデジタルの入出力を学んでいきます。

　なお、第4章では入力系の電子部品のアナログ入力とデジタル入力を、第5章では出力系の電子部品のアナログ出力とデジタル出力について学びます。それぞれの違いをきちんと覚えるようにしましょう。

第 **4** 章

入力部品を使いこなそう

入力系の部品の一例

II. 基礎編

　本章では、簡単な入力系の電子部品の使い方を説明します。入力系の電子部品には、スイッチやボリューム、それに多くのセンサー類があります。これらは、温度や湿度あるいは音など、外部環境の何らかの変化を読み取り、それを入力値としてArduino側に渡す役割を果たします。

図4.1 入力系の電子部品群(主にセンサー類が豊富)

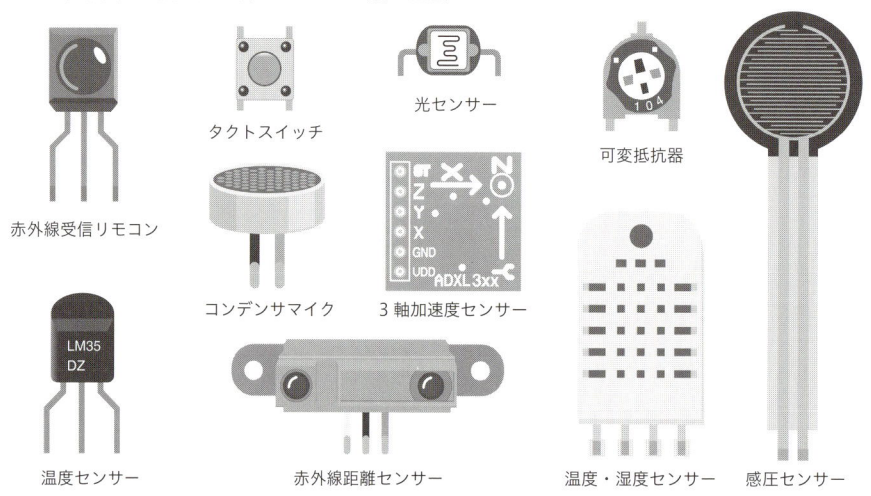

赤外線受信リモコン　タクトスイッチ　光センサー　可変抵抗器

温度センサー　コンデンサマイク　3軸加速度センサー　温度・湿度センサー　感圧センサー

赤外線距離センサー

　ここでは、デジタル入力系としては簡単なスイッチやボリューム、それとアナログ入力系として簡単に扱える可変抵抗器を取り上げて、入力系の電子部品の扱い方を学んでいきます。
　扱う電子部品がアナログ入力なのかデジタル入力なのかによって、扱う関数も変わってきます。その区別をすることは重要です。アナログ入力とデジタル入力のそれぞれの関数を知り、また電子部品のどれがどの関数と関係するかも、一覧表を用意したので、それを見ながら覚えていきましょう。

4.1 アナログとデジタルの入力系を知る

　入力系の電子部品には、センサー類をはじめ、マイクやカメラ、キーボード、マウスなど多くのものがあります。表4.1に、アナログとデジタルの入力部品と、それぞれが利用する関数を紹介します。
　つまり、電子部品によって、アナログ入力として接続するのかデジタル入力として接続するかの注意が必要となり、使う関数が異なることになります。

表4.1 アナログ入力とデジタル入力の関数と電子部品（一般）

入力方法	アナログ入力	デジタル入力
利用する電子部品	・ボリューム ・可変抵抗器 ・光センサー ・温度センサー ・赤外線距離センサー ・加速度センサー	・スイッチ ・振動／傾斜センサー ・チルトセンサー ・磁気センサー ・人感センサー ・赤外線リモコン受信モジュール
利用する関数	analogRead関数を利用する	digitalRead関数を利用する

※高度なセンサーなどは、この対応表と異なる製品も存在します。

それと、第1章の図1.10と次の表4.2に示すArduinoボード上のアナログとデジタルの入力ピンの位置の違いについても十分注意してください。

表4.2 Arduino Uno 入力系のピン

信号	Arduino Uno 入力処理系のピン（関連関数）
アナログ入力	A0～A5ピン対応（analogRead関数を利用する）
デジタル入力	① D0～D13ピン対応（digitalRead関数を利用する） 　（A0からA5までをD14からD19までで利用可能） ②その他シリアル通信（UART, I2C, SPI）

以下では、Arduinoが入力系電子部品の値を読み込むための、デジタルとアナログの入力関数、そしてデジタル入力で重要となるプルアップ抵抗を紹介します。

(1)アナログ入力の関数

アナログ系の電子部品（可変抵抗などのボリュームなど）を、Arduinoに接続してデータ値を読み取るには、アナログ入力関数「analogRead」を使います。このアナログ入力関数「analogRead」の戻り値（電子部品から読み取った値）は、整数の「0から1023まで」の値となります。

表4.3 アナログ入力に関する関数

関数名	説明
analogRead（ピン番号）;	アナログ入力の値の読み込み 戻り値：0～1023で読み込まれる 　　　　0は0Vで、1023は5Vの意味

整数の「0から1023まで」の値となるということは、アナログ値の幅を1024の分解能で取得できることになります。ただし、この取得した値を**単位**（距離：cm、温度：℃、湿度：％など）のある値に変換する場合は、それぞれの電子部品の特性に応じた変換（計算）式を使います。この変換式は、電子部品の仕様書に記載されたグラフや式などを用いてプログラミングする必要があります。

(2) デジタル入力の関数

続いてデジタル入力で必要となる関数群を表4.4にまとめました。デジタル入力の場合は、2つの関数「**pinMode**」と「**digitalRead**」を利用します。

表4.4 デジタル入力に関する関数

関数名	説明
pinMode(ピン番号, モード); ※	ピンの動作を入力か出力に設定 ・ピン番号：設定するピン番号 ・モード：入力（INPUTまたはINPUT_PULLUP）
digitalRead(ピン番号);	デジタル入力の値の読み込み ・戻り値：Onの状態（HIGH）またはOffの状態（LOW） ・ピン番号：D0からD13または、A0（D14）からA5（D19）まで利用できる

※モードが「INPUT」の場合は省略可

「**pinMode**」関数は、デジタル入出力の設定用として利用します。したがって、この関数の2番目の引数の「**モード**」に、「**OUTPUT**」もしくは「**INPUT**」、「**INPUT_PULLUP**」のいずれかを設定します。ただ「pinMode」関数の2番目のパラメータ「モード」が「INPUT」の場合には、この「pinMode」関数は省略できます。

また「**digitalRead**」で読み取った値は、HIGH（＝1）あるいは、LOW（＝0）だけであり、超音波センサーなどの距離に変換する場合には、少し複雑な処理が必要となります。その詳細は第6章で紹介していきます。

(3) デジタル入力でのプルアップ抵抗について

電子回路の専門的な知識のひとつに**プルアップ抵抗**があります。一般にデジタル入力の場合、HIGHとLOWの中間電圧の状態では誤動作を起こします。Arduinoでは、この対策として、「pinMode」関数にプルアップ抵抗を取り入れ、この誤動作を防止しています。

デジタル入力関数「digitalRead」は、入力部品からの値の読み込み関数です。この関数による戻り値は、「pinMode」の「モード」が「INPUT」か、もしくは未設定の場合には、**HIGH**（約3.0V以上）か**LOW**（約2.0V以下）の値となります。しかし、思ったような値にならない場合があります。このことは、例えば図4.2にあるように単純にデジタル入出力ポートのD8番ピンとGNDをつなぎ合わせて、スケッチ4.1を起動すれば確認できます。

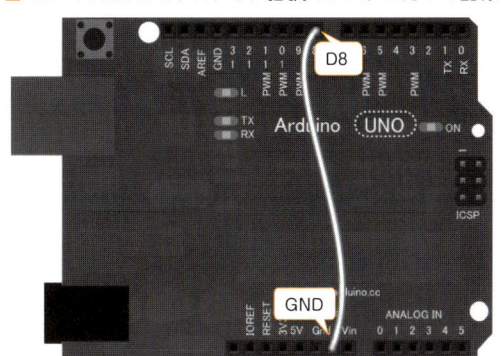

図4.2 Arduinoのプルアップ抵抗のテストのための配線

スケッチ4.1 pinModeを使ったプルアップ抵抗のテスト

```
void setup(){
  Serial.begin(9600);
  pinMode(8,INPUT); // INPUT ⇒ INPUT_PULLUPに変更
}
void loop(){
  Serial.println(digitalRead(8));   // デジタルD8の値表示
  delay(1000);
}
```

「pinMode(8,INPUT);」は省略可能です

　この状態で、ケーブルを接続したり切り離したりして、シリアルモニタ画面に出てくる値を確認してみてください。「pinMode」の2番目の引数が「INPUT」の場合は、必ずしも「0」か「1」の一定の値の状態にはならないと思います。

　続いて、このスケッチの3行目の「モード」のパラメータ「INPUT」を「**INPUT＿PULLUP**」に変更して実行してみてください。今度はうまく反応するはずです。

　実際には、接続した場合「0」（＝LOW）が表示され、切り離した場合「1」（＝HIGH）と表示されるはずです。この「INPUT_PULLUP」が、プルアップ抵抗を宣言するためのもので、重要な知識となります。

> **コラム**　プルアップ抵抗のパラメータの「INPUT_PULLUP」変数は、初期のIDEではサポートされていませんでした。以前は、デジタル出力関数「digitalWrite」を使って、以下のように記述していました。もちろんこの方法は今でも利用できます。
>
> ```
> pinMode(8,INPUT);
> digitalWrite(8,HIGH);    // デジタル出力関数でHIGHを宣言
> ```

II. 基礎編

4.2 アナログ入力（可変抵抗器と電圧測定）を知る

アナログ入力となる電子部品は、表4.3に示す「analogRead」関数を使って値を読み込みます。この「analogRead」による戻り値は、整数の「0から1023まで」となります。なお、Arduino Unoでは、この「0から1023まで」の値は電圧の0Vから5Vに相当します。

アナログ入力として使える電子部品は、光センサーや温度センサー、距離センサーなど多くのセンサー類が含まれます。簡単なものでは可変抵抗器（ボリュームなど）があります。これらをアナログ入力で値を読み取ると、この「0から1023まで」の数値を返してくれます。具体的には、光センサーが明るさを感知したり、温度センサーが温かさを感知したりすると、これらの戻り値は小さくなるということです。

ただし、アナログの電子部品の一部には、測定した値に単位が関係することがあります。温度センサーの場合には、摂氏温度（℃）か華氏温度（℉）の単位があり、距離センサーの場合には、cm（センチメートル）やinch（インチ）の単位があります。つまり、「analogRead」が返してくる「0から1023まで」の値を、それぞれの単位に変更するための**変換式**が必要となります。

それでは、ここでの課題として、可変抵抗器（ボリュームなど）を使って抵抗（Ω：オーム）の値を読み取ることと、乾電池の電圧（V：ボルト）の測定について挑戦してみましょう。

(1) 可変抵抗器とその配線

可変抵抗器には、3本のピン（**リード線**という）があります。まずは図4.3のように、それぞれArduino上のGNDと電源（5V）、それにアナログ入力ポートのA0番に接続します。可変抵抗器のピンには極性はありません。つまりプラスとマイナスの明確な区別はないので、両端をGNDと電源のいずれかに接続し、真ん中のピンをアナログ入力ポートのA0番に接続してください。ここでは10KΩの可変抵抗器を使いますが、それ以外の抵抗値を持つものでもかまいません。

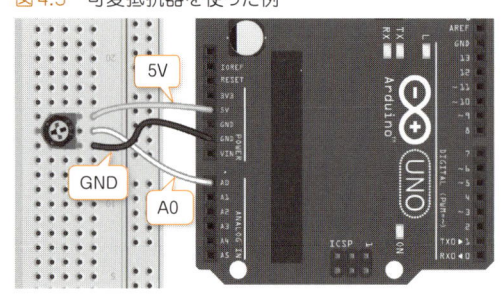

図4.3 可変抵抗器を使った例

(2)可変抵抗器を使うスケッチの作成

続いて可変抵抗器の値をanalogRead関数で読み込むスケッチを作成してみましょう。このスケッチでは、可変抵抗器の値をシリアルモニタに表示します。

スケッチ4.2　可変抵抗器の値のシリアルモニタ出力
```
void setup(){
  Serial.begin(9600);
}
void loop() {
 Serial.println(analogRead(A0));   // アナログA0の値表示
 delay(1000);
}
```

シリアルモニタに表示される可変抵抗器の値は、抵抗値ではありません。抵抗値を出すには、ここで変換式が必要となります。つまり、最大値の1023が戻り値の場合は、電圧5Vを測定したことになり、抵抗値が0Ωとなります。逆に最小値の0が戻り値の場合は、電圧0Vを測定したことになり、抵抗値は10KΩとなります。このことから、次のスケッチの5行目にある変換式が必要となります。また表示される値の単位は「Ω」です。

スケッチ4.3　可変抵抗器の抵抗値のシリアルモニタ出力
```
void setup(){
  Serial.begin(9600);
}
void loop() {
Serial.println((1023- analogRead(A0))/1023.0*10000.0) ;   // 可変抵抗器（A0）表示
 delay(1000);
}
```

この変換式には注意すべきことがあります。変換式の中には、整数の「1023」と実数の「1023.0」を使っています。「(1023-analogRead(A0))」では整数の値が出てきますが、それを「1023.0」で割って実数にしています。さらに10KΩの10K、つまり「10000.0」を掛けています。

試しに、「1023.0」と「10000.0」の小数点以下をとって整数にしてみてください。ほとんど0と表示されるはずです。理由は、整数値だけだと整数計算となり、式「(1023-analogRead(A0))/1023」の値はほとんどが「0」となるからです（抵抗がゼロつまりanalogRead(A0)が「0」の場合のみ、この式の値は「1」となります）。

それでは、この変換式が理解できたところで、説明した2つの実数に着目し、もう少し変更を加えてみましょう。この変換式は、次の2か3になります。

■ 変換式 2
```
10000.0-analogRead(A0)/0.1023
```

■ 変換式 3
```
(1023 － analogRead(A0))/0.1023
```

いずれも、正しい値を出力しますが、コンパイル後の実行形式のメモリーサイズの大きさは、スケッチ4.3が4,206バイト、変換式2が4,200バイト、変換式3が4,196バイトと小さくなります。

ただ、スケッチは解読しやすいことも重要なので、変換式が読みにくくなることは避けてください。

(3)乾電池(バッテリ)の電圧測定

それでは、次は「analogRead」関数を使って乾電池の電圧測定をしましょう。Arduinoで測定できる乾電池は、最大5Vまでのものです。それ以上の電圧の乾電池はArduinoを壊すおそれがあるので、絶対に使わないようにしてください。乾電池のプラス側をアナログ入力ポートのA0番に、マイナス側をGNDにつなぎます。乾電池をつなぐ場合は、プラスとマイナスの**極性**の区別があるので、間違わないようにしてください。

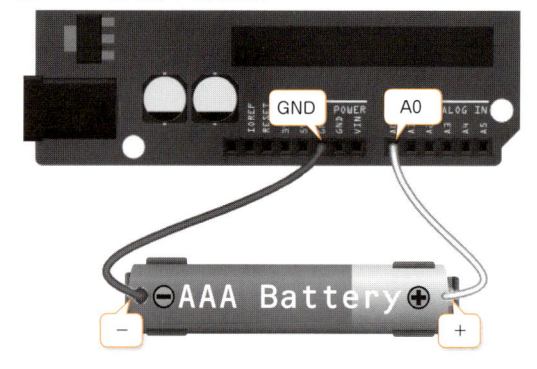

図4.4　乾電池の電圧測定

それでは、先ほどの可変抵抗器で使ったスケッチ4.2を動かして確認してみてください。ちゃんと値が読み込まれているでしょうか。

続いて、変換式を組み込んだスケッチ4.4を動かして確認してください。ここでは、電圧測定で出てくる「analogRead」関数の値は、0（＝0V）から1023（＝5V）となります。

4.2 アナログ入力(可変抵抗器と電圧測定)を知る

スケッチ4.4　乾電池の電圧測定

```
void setup(){
  Serial.begin(9600);
}
void loop() {
float vt = (float)analogRead(A0) / 1023.0 * 5.0;   // 5V系Arduinoの場合
Serial.println(vt);
delay(1000);
}
```

この「loop」関数内の1行目には、「0から1023まで」の値を「0Vから5Vまで」に変換するための、次のような変換式があります。

```
float vt = (float)analogRead(A0) / 1023.0 * 5.0;
```

この変換式は、「analogRead(0)」で読み取ったセンサ値を「1023」で割って「5」を掛けるといった簡単なものです。この場合の単位は、「V」(ボルト)です。

この変換式も次のように少し変更してみましょう。

■ 変換式2

```
(float)analogRead(A0)/4.888E-3
```

この「4.888E-3」は、「5.0/1023.0」の「0.004888」の意味で、「E」が「10のべき乗」を表します。つまり、「4.888E-3」は、「4.888×10^{-3}」となります。

(4) 変換式に便利なmap関数を知る

上記の(2)と(3)で使った変換式は、両方とも比例式を使ったものです。このような比例式の場合は、比例変換する「map」関数を使えば、もっと簡単な式となります。

この「map」関数の説明を表4.5に示します。

表4.5　map関数

関数名	説明
map(値,As,Ae,Bs,Be);	値の設定範囲の比例置換 ・戻り値：計算後の値(BsからBeまでの値：整数) 値：計算前の値 As,Ae：計算前の範囲(AsからAeまでの値) Bs,Be：計算後の範囲(BsからBeまでの値)

この関数は、アナログ入力関数による戻り値を使いますが、「0から1023まで」ということになるので、その値を特定の下限値から上限値までにマッピング(「位置づけ」や「割り当て」のこと)した値を返す機能を持ちます。

この関数を使うことで、(2)可変抵抗器と(3)乾電池の電圧測定で紹介した変換式は、次のように表すことができます。

■ (2) 可変抵抗器の変換式

```
Serial.println( map(analogRead(A0),0,1023,0,10000));
```

■ (3) 乾電池の電圧測定の変換式

```
float vt=(float)map(analogRead(0),0,1023,0,500)/100.0;
```

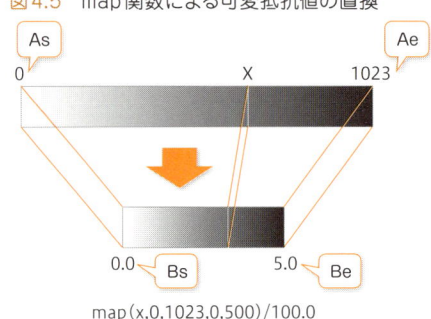

図4.5 map関数による可変抵抗値の置換

map(x,0,1023,0,500)/100.0

図4.5は、map関数によって、0〜1023で出力されたセンサー値を一度0〜500に変換したことを示しています。ここでの(3)乾電池の電圧測定の変換式は、さらに「100.0」で割っています。よってvtの値は、0.00から5.00までの値を示すことができます。

この(3)乾電池の電圧測定の変換式では「100.0」で割っていますが、これを「100」とすると整数の値でしか戻さなくなります。実数を戻させる場合は、ここも実数値「100.0」を使う必要があることに注意してください。

また、(2)可変抵抗器の変換式をmap関数を使ってコンパイルすると、実行形式のメモリーサイズは2,882バイトと7割弱と小さくなります。また小さい幅に置換すると値の精度が落ちることにも注意してください。

4.3 デジタル入力（タクトスイッチとチルトセンサー）を知る

Arduino上のデジタル入力は、単に「HIGH」か「LOW」のいずれかを読み取るだけです。

デジタル入力の簡単な電子部品としては、スイッチやチルトセンサー（傾斜センサー）などがあります。そのほか複雑な値を返す超音波距離センサーや赤外線リモコン受信モジュールなどもあります。ここでは、安価で簡単なタクトスイッチとチルトセンサーを利用し、デジタル入力関数「digitalRead」を使ってプログラミングしていきましょう。また、タクトスイッチを押すとArduino上のLEDが点灯し、離すとLEDが消灯するスケッチ、そしてチルトセンサーを傾けるとLEDが点灯するスケッチにも挑戦してみましょう。

(1) タクトスイッチの使い方

タクトスイッチは、よく使われる電子部品のひとつで、Arduinoのピン接続においても使うのは簡単です。しかし、タクトスイッチには、ちょっとした注意点があります。まず、タクトスイッチの機構（内部の仕組み）を知る必要があります。また、4.1の (3) で説明したArduino上の接続でのスケッチでの**プルアップ抵抗**の対策が必要となることです。

スケッチの中でのデジタル入力は、先に紹介した「pinMode」関数と「digitalRead」関数の2つを使って制御します。まず「pinMode(DPin,INPUT);」を記述し、デジタル・ピン番号「DPin」が「INPUT」であることを宣言しておきます。なお、「digitalRead(DPin);」で返ってくる値は、「HIGH（5Vまたは3.3V）」か、「LOW（0V）」のいずれかとなります。

それでは、タクトスイッチの仕組みと、スケッチでの制御の仕方を覚えましょう。

タクトスイッチは、図4.6右の写真にあるように、上部にバネ式のボタンがあり、下部に4つのリード線が出ています。上部のボタンを押すと、この足のピンの接続状態が変わります。

図4.6 タクトスイッチ（左：配線番号，右：写真）

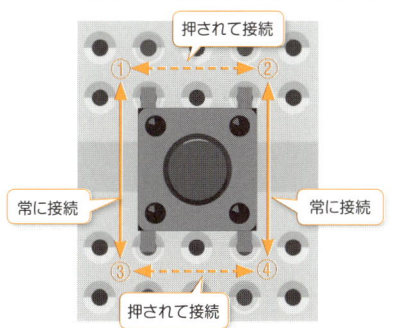

図4.6の左図の配線番号によって、ボタンを押した状態（ON）と、ボタンを離した状態（OFF）で、どうつながりが変わるのかをみてみましょう。

　①と③、それに②と④は、常につながった状態です。ボタンが押されると、①から④まですべてがつながり、ボタンを離すと、①と③側と②と④側はつながらなくなります。つまり、このボタンを使って制御を行う場合は、①と②の組み合わせで使うか、③と④の組み合わせで使うようにしてください。

　なお、対角線上の①と④、もしくは②と③の組み合わせで利用しても同じです。

(2) Arduino上の配線

　それでは、実際にブレッドボード上にタクトスイッチを置いて、Arduinoとジャンパワイヤで結んでみましょう。図4.7のように、タクトスイッチのリード線を、ブレッドボードの中央の溝をまたいで差し込みます。

　ジャンパワイヤの1つはデジタル2番ピン（D2）に、もう1つはGNDピン（グラウンド）につなぎます。なお、D2以外でもスケッチと連動させれば問題ありません。

図4.7　タクトスイッチの配線

(3) タクトスケッチを使ったスケッチの作成

　続いてここで利用するスケッチについて説明しましょう。まず、「setup」関数にて、デジタル入力のD2ピンをプルアップ抵抗を考慮した入力モードを宣言します。それと、デジタル出力ピンD13、つまりArduino上のLEDを出力モードとして宣言します。

4.3 デジタル入力（タクトスイッチとチルトセンサー）を知る

スケッチ4.5　タクトスイッチによるLED点滅①

```
void setup(){
  pinMode(2, INPUT_PULLUP);  // タクトスイッチの設定D0
  pinMode(13,OUTPUT);        // Arduino上のLED（D13）設定
}
void loop() {
  if( digitalRead(2)==HIGH)  digitalWrite(13,LOW);   // タクトスイッチoff
  else digitalWrite(13,HIGH);                        // タクトスイッチon
}
```

最初の「pinMode(2,INPUT_PULLUP);」によるプルアップ抵抗の宣言によって、「loop」関数のなかの1行目の「digitalRead(2);」の値が、GNDとデジタルピン（D2）との間に5Vの差が生じることになります。つまり、タクトスイッチを押すとLOW（0V）となり、逆にタクトスイッチを離すとHIGH（5V）となります。

さらに、「loop」関数の1～2行目の「if－else」制御文で、「digitalWrite(13,LOW);」によって、タクトスイッチを離すとLEDを消灯し、押すとLEDを点灯しています。

それでは、スケッチをArduinoボードに書き込んで、タクトスイッチのボタンを押したり離したりしてみてください。うまくArduino上のLED「L」が点灯したり消灯したりするでしょうか。

なお、「loop」関数の中の2行は、「!」（論理演算子の否定）を使って、次のように簡略化することもできます。実際に同じように動くか確認してみてください。

```
digitalWrite(13,!digitalRead(2));
```

次は、一度タクトスイッチを押すとLEDを点灯し、再度押すとLEDを消灯するような繰り返しを行うスケッチを作成してみましょう。まずフローチャートを作成してみましょう。

図4.8　タクトスイッチによるLEDの点滅のフローチャート

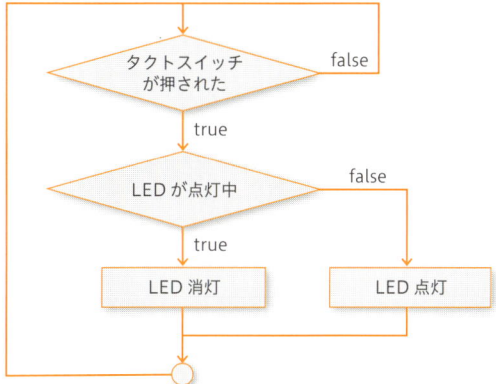

このフローチャートのとおりにスケッチを作成してみてください。スケッチ4.6のようになれば正解です。

スケッチ4.6　タクトスイッチによるLED点滅②
```
void setup(){
  pinMode(2, INPUT_PULLUP);  // タクトスイッチD2接続
  pinMode(13,OUTPUT);
}
boolean sw=false;  // LED点滅のスイッチ（初期値：消灯）
void loop() {
  while(digitalRead(2)==LOW) {  // タクトスイッチが押された状態の判定
    if( sw ) digitalWrite(13,LOW);
    else digitalWrite(13,HIGH);
    sw = !sw;          // LEDの点滅のスイッチ切り替え
  }
}
```

このスケッチを書き込んで実行してみてください。意図したとおりに、タクトスイッチを押すたびに、LEDが点灯したり消灯したりしましたか。たぶん期待したとおりにはいかなかったのではないでしょうか。

それは、タクトスイッチを押したり離したりした瞬間に、スイッチの接点の接触状態に**チャタリング**が起こっていることが原因です（図4.9参照）。チャタリングとは、スイッチなどの接点で、オンとオフが一瞬で切り替わるのではなく、複数回のオンとオフが細かく繰り返される現象のことです。

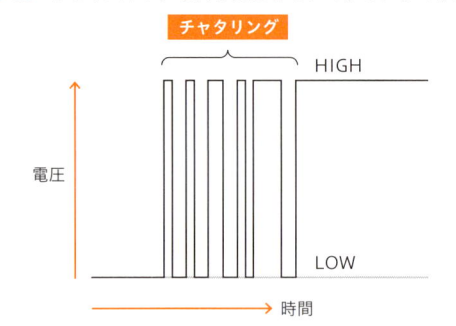

図4.9　タクトスイッチを押したときのチャタリングの状態

このチャタリングを配慮したスケッチの読み取りに挑戦してみましょう。

スケッチ4.7　タクトスイッチによるLED点滅③（チャタリングを考慮したもの）

```
void setup(){
  pinMode(2, INPUT_PULLUP);  // タクトスイッチ(D2)接続
  pinMode(13,OUTPUT);        // Arduino上のLED(D13)設定
}
boolean sw=false;

void loop() {
  while( !chtsw(2) ) {   // スイッチが押された状態確認
    if( sw ) digitalWrite(13,LOW);
    else digitalWrite(13,HIGH);
    sw = !sw;
  }
  while( chtsw(2) );   // スイッチが離された状態確認
}

boolean chtsw(byte dx)  {   // チャタリングを考慮したタクトスイッチの関数
 boolean tsw = digitalRead(dx);
 while( tsw == digitalRead(dx) ) ;
 delay(300);
 return !tsw;  // 押された状態＝false(LOW)、離された状態＝true(HIGH)
}
```

　このスケッチでは、タクトスイッチが押された状態（LOW）と離された状態（HIGH）を、新たな「chtsw」関数で読み取っています。つまり、ここではスイッチが押された最初の変化を読み取り、そのあと0.3秒後「delay(300)」待機したのちに、その値を返しています。

　この300msの時間を100msに変更すると、うまくスイッチが切り変らないことも確認しておいてください（なお、部品独自の接触状態によっては時間が異なります）。

　また、この「loop」関数では、タクトスイッチが押されたときだけでなく、離されたときも確認している点に注目してください。

　この他にも、チャタリングを考慮した方法はいろいろと考えられるので、自分なりに挑戦してみてください。

(4)チルトセンサー（傾斜センサー）を使いこなす

　チルトセンサー は、傾斜（振動）センサーとも呼ばれますが、傾斜スイッチやチルトスイッチなどという呼ばれ方もあります。値段もさまざまで、安価な電子部品だと、数十円から数百円のものもあり、構造も単純になっています。

　ここでは、1個100円程度の「RBS040200」のチルトセンサーを紹介しましょう。

図4.10 チルトセンサーとその仕組み

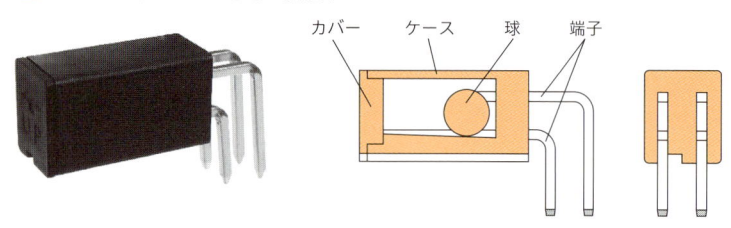

このチルトセンサーの仕組みは単純です。長方体ケースが傾斜したり、振動したりすることで、内部にある丸い球（玉）が2極の端子に接触し、通電したり通電しなくなったりします。つまり、傾斜させたり振動を与えたりしたときの環境変化を捉えることができるのです。ゆっくりとした動きでも瞬時の動きでも、その変化を捉えることができます。

これを使えば、人の動きや風による動き、水の動き、もちろん地震などの動きも捉える仕組みが作れます。

(5)チルトセンサーを使った配線

チルトセンサーを図4.11のようにブレッドボード上に配置し、長い足のピンと短い足のピンとで、デジタル入出力ポートのD2番ピンとGNDに、ジャンパワイヤをつないでください。チルトセンサーも極性はないので、D2番ピンとGNDのいずれでもかまいません。

チルトスイッチの通電は、図4.10でもわかるように、短い足ピン同士と、長い足ピン同士では常に通電していて、球が移動するたびに、通電したり通電しなくなったりします。

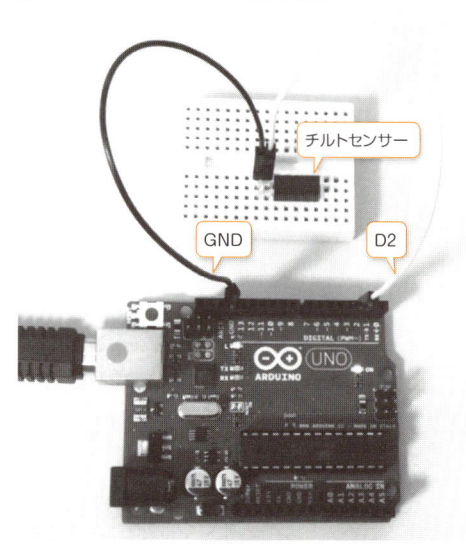

図4.11 チルトセンサーを使った配線

4.3 デジタル入力（タクトスイッチとチルトセンサー）を知る

(6) チルトセンサーを使ったスケッチ

　チルトスケッチを扱う場合にも、タクトスイッチで扱ったスケッチとほぼ同じ内容のプログラムが利用できます。スケッチ4.5を利用して、チルトスイッチを傾斜されたり振動を与えたりしてみてください。Arduino上のLEDが点灯したり、消灯したりすると思います。

　今度は、チルトセンサーに振動を与えてみましょう。ここでは、振動を感じ取って、3秒間だけLEDを点灯するスケッチに挑戦してみましょう。意外と簡単にスケッチは作成できたのではないでしょうか。

スケッチ4.8　振動感知によるLED点灯

```
void setup(){
  pinMode(2, INPUT_PULLUP);   // チルトセンサー (D2) 接続
  pinMode(13,OUTPUT);         // Arduino上のLED (D13) 設定
}
void loop() {
  boolean sw=digitalRead(2);     // チルトセンサーの初期設定
  while(sw == digitalRead(2));   // チルトセンサー切替わりまで待機
  digitalWrite(13,HIGH);
  delay(3000);
  digitalWrite(13,LOW);
}
```

(7) チルトセンサーを使った電源切り替え

　このチルトセンサーを使った面白い仕組みを考えてみましょう。Arduinoでは、外部電源を「Vin」ポートから取ることができます。そこで、チルトセンサーを使って、通電の切り替えスイッチの仕組みを作りましょう。

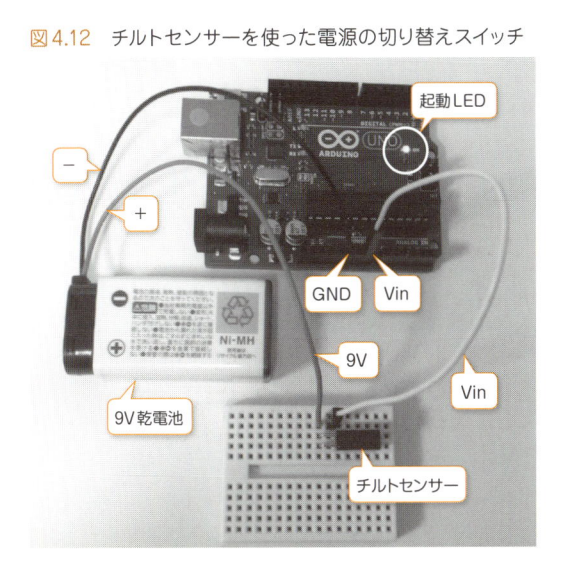

図4.12　チルトセンサーを使った電源の切り替えスイッチ

普段は電源が切れているところに、何かの外界の変化によって電源が入る仕組みとなります。これにチルトセンサーを使うのですが、意外と仕掛けは簡単で、図4.9のように接続して、普段はチルトセンサーを傾けておき、電源が入らないようにします。そして、何かが起ったときに傾きを変えて、スイッチが入るようにしましょう。

　例えば、常時、天秤のように一方を高くしておき、何かが起ったときに重しを取り除いて反対方向に傾くようにすれば、それで電源が入るようになります。電源が入ったかどうかは、Arduino上の起動LEDが点灯するので確認できます。

　ちょっとした防犯システムなどに応用できるかもしれません。

第 **5** 章

出力部品を使いこなそう

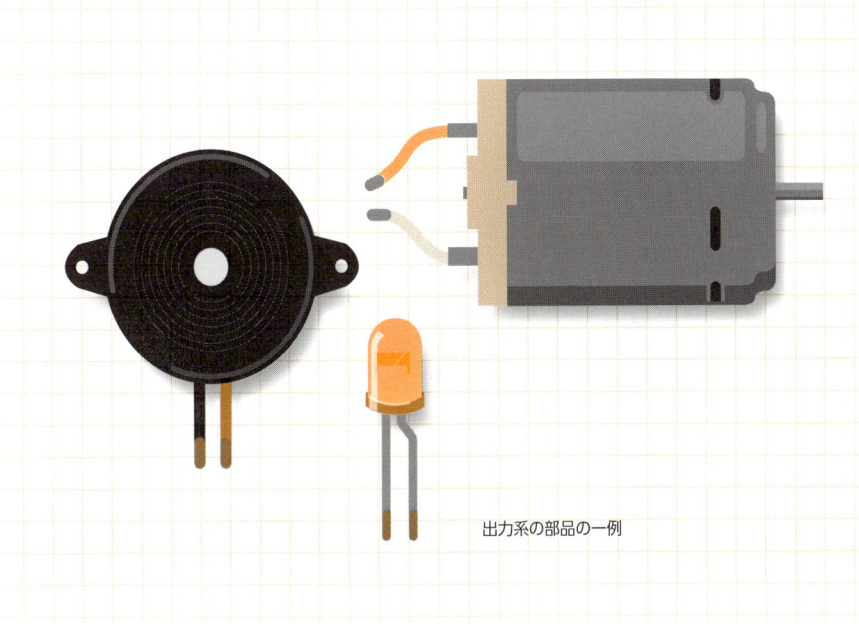

出力系の部品の一例

II. 基礎編

　本章では、出力に関係する電子部品の使い方を紹介していきましょう。出力系の電子部品もアナログとデジタルのものがあります。ここでは、特に扱いが簡単なLEDとスピーカを使って、アナログ出力とデジタル出力の違いを覚えていきましょう。また、入力部品と同じように、それぞれの対応関数も覚えましょう。

図5.1 出力系の電子部品

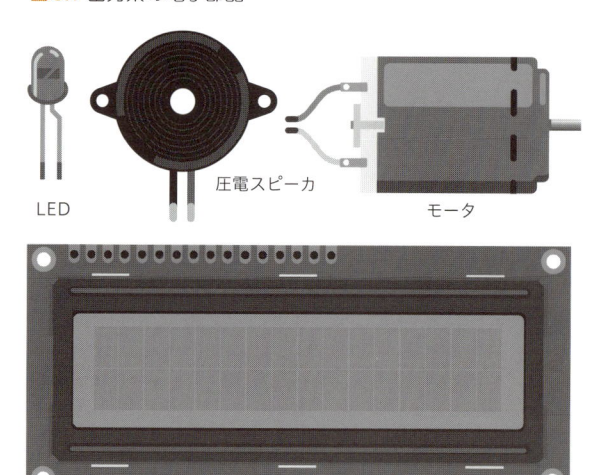

LED　圧電スピーカ　モータ

LCD（液晶ディスプレイ）

5.1 デジタルとアナログの出力系を知る

　出力系の電子部品も、第2章の図2.13で紹介したように、アナログかデジタルのいずれかの出力制御を行います。デジタルには、単純に「HIGH」か「LOW」の切り替えによるものと、その切り替えの意味を読み取る高度なシリアル通信制御によるものがあります。

　これらの制御を覚えるには、まず各出力部品がアナログとデジタルのどちらに対応しているかを知る必要があります。表5.1に、一覧表としてまとめたので、それぞれの制御方法を覚えておきましょう。

表5.1　アナログ出力とデジタル出力の関数と電子部品

出力方法	アナログ出力	デジタル出力
利用する関数	analogWrite関数を利用	digitalWrite関数を利用
利用する電子部品	・LED、スピーカ ・ファン ・一部のモータ※など	・LED、スピーカ ・赤外線リモコン用LEDなど

※一般にモータはアナログとデジタルの両方で制御

ここで注意すべきことは、LEDやスピーカのように、同じ製品でもアナログとデジタルの両方で制御できるということです。モータには、DCモータやステッピングモータ、それにサーボモータなどがあり、単純にアナログだけで制御できるとは限りません。一部のモータは、コントローラなどを使って、アナログとデジタルの両方による制御も必要となります。ここでは、簡単なアナログ出力とシリアル出力について学んでいきます。高度なシリアル通信による出力系部品の制御については、第7章で説明することにします。

表5.2に、Arduino UNOの出力系ピンおよび利用関数についてまとめます。

表5.2 Arduino UNOの出力系ピン

信号	Arduino UNO出力処理系のピン（関連関数）
アナログ出力	D3,D5,D6,D9,D10,D11ピン対応（analogWrite関数利用）（PWM対応）
デジタル出力	①D0～D13ピン対応（digitalWrite関数利用）（A0からA5までをD14からD19で利用可）②その他シリアル通信（UART,I2C,SPI）

それではアナログ出力で使う関数とデジタル出力で使う関数について紹介していきましょう。

(1)アナログ出力の関数

アナログ出力は、表5.3に示す関数を使って制御します。

表5.3 アナログ出力関数

関数名	説明
analogWrite(ピン番号, 値);	アナログ出力するピンに電圧を設定 ・ピン番号：設定するピン番号（Arduino UNOでは、デジタルピンのD3, D5, D6, D9, D10, D11ピン） ・値：出力する値（0～255）で、値が0は0Vで、255は5Vまたは3.3V

この「analogWrite」関数を利用する際に注意すべきことは、使えるピン番号が特定されていることと、実際には**PWM**（Pulse Width Modulation：**パルス幅変調**）を使って擬似的なアナログ出力を行っていることです。

PWMとして使えるピン番号は、Arduino UNO R3のデジタル入出力ポートの「D3, D5, D6, D9, D10, D11」となります。そして、Arduino UNOの基板上に番号「1」から「13」と記載されている中に、番号左に「～」がついているピン番号がPWMで使えるものとなっています（第1章「図1.14 マイコンボードの構成図」を参照）。

このPWMは、490Hz（1秒間に490回の周波数。Hz：ヘルツ）で、「HIGH/LOW」の切り替えで電圧の制御を行っています。具体的には、「HIGH（＝5V）」と「LOW（＝0V）」の切り替えによる平均電圧がアナログ出力の電圧となります（図5.2）。

PWMの詳細については、次の5.2で再度解説します。

(2)デジタル出力の関数

デジタル出力は、デジタル入出力ポートのD0～D13、それにアナログ入力ポートのA0（＝D14）からA5（＝D19）までの合計20ピンを使うことができます。これらのポートに、「5V（＝HIGH）」または「0V（＝LOW）」の電圧をかけて制御します。

デジタル出力の電子部品を使う場合は、必ず表5.4に示す2つの関数を使います。

表5.4 デジタル出力関連の関数

関数名	説明
pinMode(ピン番号, モード);	ピンの動作を入力か出力に設定 ・ピン番号：設定するピン番号 ・モード：出力の場合「OUTPUT」
digitalWrite(ピン番号, 値);	ピン番号の値をHIGHかLOWに切り替え ・ピン番号：設定するピン番号 ・値：Onの状態（HIGH＝1）またはOff（LOW＝0）の状態

「pinMode」は、第4章で説明したように、ピン番号の「モード」を宣言するもので、この章でのデジタル出力の「モード」としては「OUTPUT」を使って宣言します。

つぎの「digitalWrite」は、引数「ピン番号」に指定するピン番号を、つぎの引数の「値」に「HIGH（＝1：5Vの意味、オンの状態）」か、「LOW（＝0：0Vの意味、オフの状態）」のいずれかを設定します。具体的な使い方は、5.3節で紹介していきます。

（補足：スケッチの中のシステム変数として、アナログ出力ポートの「A0」～「A5」を記述することができます。しかしデジタル出力ポートの「D0」～「D13」は、システム変数としての定義がなく、そのままでは使えません。その場合、「0」から「13」までの数字を使って記述します。また「A0」～「A5」までをデジタル出力の「14」～「19」として使う場合も、スケッチ内に「A0」～「A5」を使って記述することができます。もちろん「14」～「19」を使った記述もできます）

5.2 PWMによるアナログ出力（LEDと圧電スピーカの制御）を知る

LEDを明るくしたり、暗くしたりする方法や、スピーカの音を出す方法としては、アナログ出力とデジタル出力の両方でできます。ここでは、まずアナログ出力によるPWM制御について学び、つぎにLEDおよび圧電スピーカを使った例を紹介していきます。

(1)PWM（Pulse Width Modulation: パルス幅変調）とは

Arduinoのアナログ出力は、デジタルの「HIGH/LOW」の周期の切り替えによって、電圧の調整を行っています。「analogWrite」関数によるPWMでは、490Hz間隔で、「HIGH/LOW」の点滅を切り替えていて、電圧を変化させています。つまり、1秒間を490に分割した間隔で、HIGHとLOWの切り替えを行います。

5.2 PWMによるアナログ出力（LEDと圧電スピーカの制御）を知る

図5.2 ArduinoのPWM制御

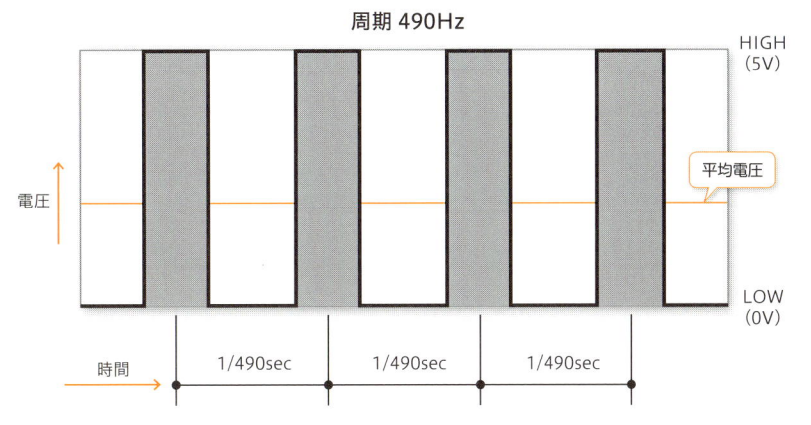

図5.3は、Arduino UNOのPWMと「analogWrite」関数との関係をまとめたものです。

図5.3 PWMとanalogWrite関数との関係

※ここでのDpinはアナログ出力ピン番号

analogWrite(Dpin,0);
analogWrite(Dpin,51);
analogWrite(Dpin,102);
analogWrite(Dpin,153);
analogWrite(Dpin,204);
analogWrite(Dpin,255);

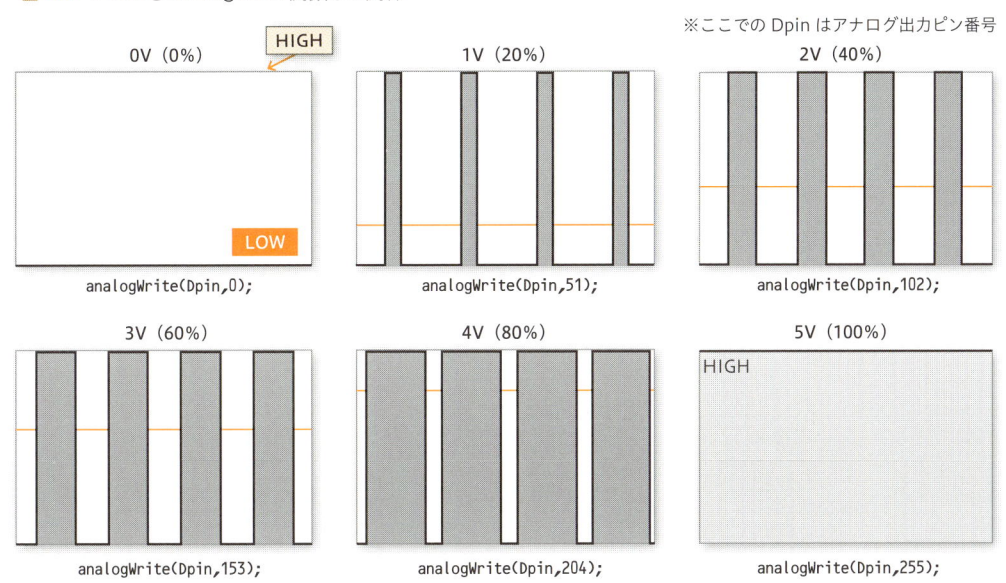

(2) PWM制御によるLEDと抵抗の配線

それではつぎに、LEDを明るくしたり、暗くしたりするスケッチを、この「analogWrite」関数を使ってプログラミングしてみましょう。

まずは、LEDと抵抗を用意し、ブレッドボード上で配線します。この場合の抵抗の値は、LEDの仕様によって以下のようにします。

LEDに取り付ける抵抗値（Ω）＝（電源電圧－LED規格電圧）/ 定格電流

101

II. 基礎編

　例えば、ここでは3mm LEDの仕様が、規格電圧が3.3Vで、定格電流が20mAとした場合は、以下のようになります。

(5V − 3.3V) /0.02 ＝ 85Ω

　必ずしも抵抗値は、正確な値を使う必要はありませんので、ここでは、推奨値として100Ωを利用します。

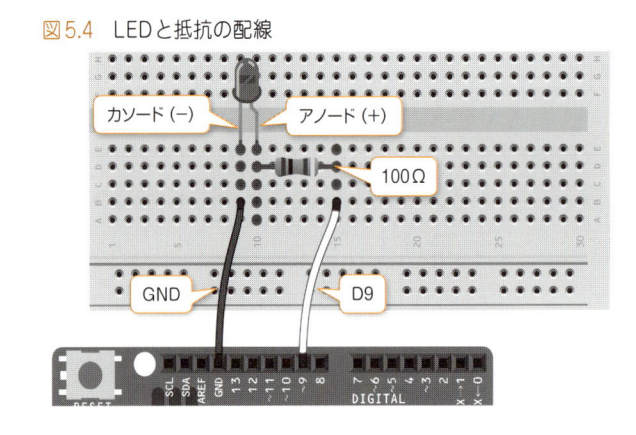

図5.4　LEDと抵抗の配線

　また、ここではアナログ出力ポートは、PWMと記載されている「D9」番ピンを使ってみます。電子部品には、**極性**といってプラス(LEDではアノードと呼ぶ)とマイナス(LEDではカソードと呼ぶ)の意味があるものとないものがあります。このLEDは、極性がありますので、プラスとマイナスの配線に注意してください。LEDの場合には、足の長いほうがプラス(アノード)側となります。

(3)PWM制御によるLED点灯のスケッチ

　それでは1秒間ずつLEDを段階的に明るくするスケッチを紹介しましょう。ここでは変数「n」を使い、段階的にLEDを明るくする回数を設定します。

スケッチ5.1　LEDをPWMで段階的に制御
```
void setup() {
}
byte n = 5;
void loop() {
  for (int x =0; x<n; x++) {
    analogWrite(9,x*255/n);   // PWMによるアナログ出力
    delay(1000);
  }
}
```

このfor制御文の中にある「analogWrite(9,x*255/n);」がアナログ出力を行っているところで、そのあとの「delay(1000);」で1秒間の待機時間を設定しています。

今度は、LEDを明るくしたり暗くしたりするスケッチに挑戦してみましょう。ここでは2つの「for」文があり、前半が明るくする制御で、後半が暗くする制御となります。

スケッチ5.2　アナログ制御によるLEDの明暗制御

```
void setup() {
}
void loop() {
  for (int x =0; x<256; x++) {
    analogWrite(9,x);   // PWMによるアナログ出力
    delay(10);
  }
  for(int x=255; x>=0; x--) {
    analogWrite(9,x);   // PWMによるアナログ出力
    delay(10);
  }
}
```

この明るくしたり暗くしたりするスケッチの書き方は、これ以外にもいろいろあります。ちょっと自分で考えてみてください。おもしろいテクニックが発見できるかもしれません。

(4) PWM制御による圧電スピーカの利用

圧電スピーカは、数あるスピーカのなかでも簡単に音を出すことができる電子部品です。この圧電スピーカの仕組みは単純で、プラスとマイナスの振動を与えることで音を発生させます。このような単純なスピーカでも、アラームを鳴らしたり、タイミングを計ったり、人の聴覚に刺激を与えることができます。また、入力部品との組み合わせで、さまざまなアプリケーションに利用できます。

本来、圧電スピーカは一般にはデジタル出力系の電子部品として制御しますが、ここではあえて、アナログ出力制御のPWMを使って音を発生してみましょう。まずはPWMの特性を理解し、圧電スピーカから音を出してみます。

図5.5　圧電スピーカ

II. 基礎編

　圧電スピーカは、膜の振動によって音を発生させています。「HIGH」と「LOW」の切り替えの間隔がほぼ同じ場合に、振動が起こり音が発生します。そのため、PWMによって圧電スピーカから音を出すには、「HITH」と「LOW」がほぼ同じ時間間隔になるようにします。つまり図5.3を参考にした場合、アナログ出力値が50%（=255/2）近くで音が発生するということです。ただし、音の高さは、ArduinoのPWM制御の周波数である490Hzとなります。

　それではArduinoとの配線とスケッチを考えてみましょう。まずは、圧電スピーカを図5.6のように配線してみてください。ここでは例として、一方をデジタル入出力のD9番ピン（PWM）に、もう一方をGNDに配線します。圧電スピーカは、極性となるプラスとマイナスの接続の制約はありません。つまり圧電スピーカの2つのケーブルを電源とGNDのいずれにつないでもかまいません。

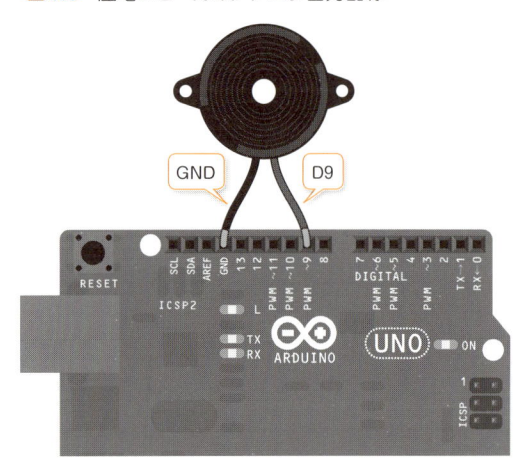

図5.6　圧電スピーカのアナログ出力配線

　つぎにスケッチを紹介します。すでに説明したように、圧電スピーカの電源に「HIGH」と「LOW」の間隔がほぼ同じとなるよう、PWMのアナログ出力値を50%にして音を発生させます。つまり、スケッチ5.3で圧電スピーカから音が発生します。

スケッチ5.3　PWMで圧電スピーカの音発生
```
void setup(){}
void loop(){
  analogWrite(9,255/2);   // D9番ピン接続、PWMによるアナログ出力
}
```
（参考：tone関数を使って、tone(9,490);と置き換えてみると同じ音の高さになります）

　「analogWrite」の引数「255/2」の約127という数字によって、HIGHとLOWの周期が同じになり、圧電スピーカの音が発生していることになります。正しく音の発生が確認できたでしょうか。

また、音の発生を止めるには「analogWrite(9,0);」などを記述します。
　Arduinoでは、圧電スピーカなどの音を発生する電子部品に対して、「tone」関数や「noTone」関数を用意していて、簡単に音階や音の長さを変えることができます。これらの関数は、5.4節で詳細を説明します。

5.3 デジタル出力によるLEDの制御

　LEDをデジタル制御で点滅させてみましょう。第2章で扱ったBlinkの例は、デジタル出力によるものでした。ここでは、もう少しプログラミングのテクニックを使った例から学んでいきましょう。

(1) LEDのデジタル出力の配線

　前節とは異なり、今度はデジタル出力として、図5.5のようにLEDのピンをArduinoのD13とGNDに差し込みます。その場合、LEDの長いピン（アノードと呼ぶ）をD13に、短いピン（カソードと呼ぶ）をGNDに差し込みます。

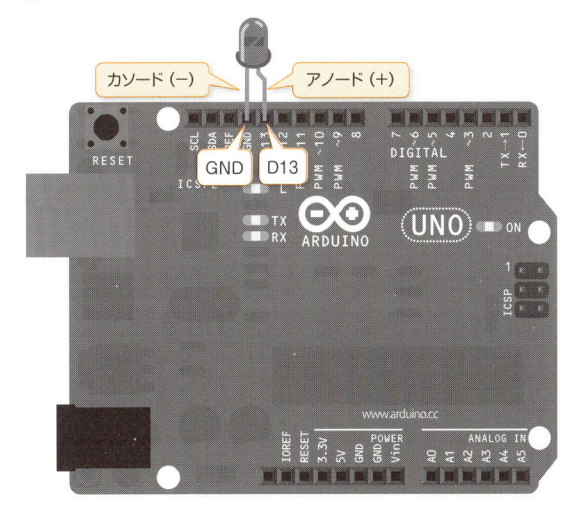

図5.7　ArduinoにLEDを挿し込んだ図

　ここでは、第2章で使った「Blink.ino」スケッチを再度読み込んで動かしてみてください。Arduino上のLEDが点滅したように、このLEDが同様に1秒間隔で点滅することが確認できたでしょうか。

(2) LEDの点滅を早める

　つぎに「Blink.ino」のスケッチを少しずつ変更していってみましょう。まずは、2つの「delay」関数の引数「1000」を「100」と「10」に、その後スケッチ5.4のように「5」に変更してみてください。

II. 基礎編

スケッチ5.4　LEDの点滅①
```
void setup() {
  pinMode(13, OUTPUT);    // D13をデジタル出力に設定
}
void loop() {
  digitalWrite(13, HIGH);    // LEDを点灯
  delay(5);                  // 0.005秒待機
  digitalWrite(13, LOW);     // LEDを消灯
  delay(5);                  // 0.005秒待機
}
```

　それぞれArduinoに読み込んでLEDの変化を見てください。「10」や「5」としたスケッチでは、ほとんど点滅には気付かないでしょう。

> **コラム**　LEDを乾電池に直接つなぐ場合には、抵抗を入れる必要があります。LEDは高電流を流すと簡単に壊れてしまいます。そのため抵抗が必要なのです。ただし、Arduino上の電源ならば、電圧が5Vでも電流は最大100mAなので壊れることはありません。

(3) LEDの明るさについて

　前述したように、2つの「delay」関数に、同じミリ秒単位で、LEDの「On（＝HIGH）」と「Off（＝LOW）」を切り替えてみました。今度は、この2つの引数を異なる値に変更し、動かしてみてください。人の目には、明るく見えたり暗く見えたりするでしょう。例えば、スケッチ5.5のように変更して実行してみてください。

スケッチ5.5　LEDの点滅②
```
void setup() {
  pinMode(13, OUTPUT);    // D13をデジタル出力に設定
}
void loop() {
  digitalWrite(13, HIGH);    // LEDを点灯
  delay(8);                  // 8ミリ秒待機        ← 8msに設定
  digitalWrite(13, LOW);     // LEDを消灯
  delay(2);                  // 2ミリ秒待機        ← 2msに設定
}
```

　例えば、この数字を「1」と「9」、「3」と「7」、「8」と「2」などと変えると、どのように変化するでしょうか。明るさの違いを見分けることができたでしょうか。このように、とても短い時間でLEDの「On/Off」を切り替えることで、明るさが調整できることを理解してください。

　それでは、少しステップアップして、LEDをだんだんと明るくしていくスケッチを作成してみましょう。

(4) LEDの明るさを変化させる

ここでのスケッチは、少しプログラミングというものを理解するためのものとなります。制御文の「for」文を使って繰り返しをすることで、LEDを明るくしたり暗くしたりしてみましょう。

スケッチ5.6　デジタル制御によるLEDの明暗

```
void setup() {
  pinMode(13, OUTPUT);   // D13をデジタル出力に設定
}

void loop() {
  for(int x=0; x<10; x++) {         // 明るさ設定変数
    for(int i=0; i<10; i++) {       // 繰り返し変数
      digitalWrite(13, HIGH);   // LEDを点灯
      delay(x);                 // 徐々に長く
      digitalWrite(13, LOW);    // LEDを消灯
      delay(9-x);               // 徐々に短く
    }
  }
}
```

このスケッチでは、2つの繰り返し関数「for」文を使い、「x」と「i」の2つの変数で明るさの調整を行っています。

最初の「x」は、LEDの点灯時間（ミリ秒）の変数となります。「for」文では、「x」の値を、0～9までの範囲で「delay」関数の変数として使っています。点灯では「x」ミリ秒間、消灯では「9-x」ミリ秒間の待機となります。

つぎの「i」は、LEDの点灯（「x」ミリ秒）と消灯（「9-x」ミリ秒）の状態を10回繰り返しています。つまり、点灯と消灯の合計時間が10ミリ秒を10回繰り返すことで、100ミリ秒間同じ状態の明るさとなっています。

どうでしょう。だんだんと明るくなって消灯し、その繰り返しを行うのが確認できたでしょうか。

図5.8　スケッチ5.6のLED点滅の状況

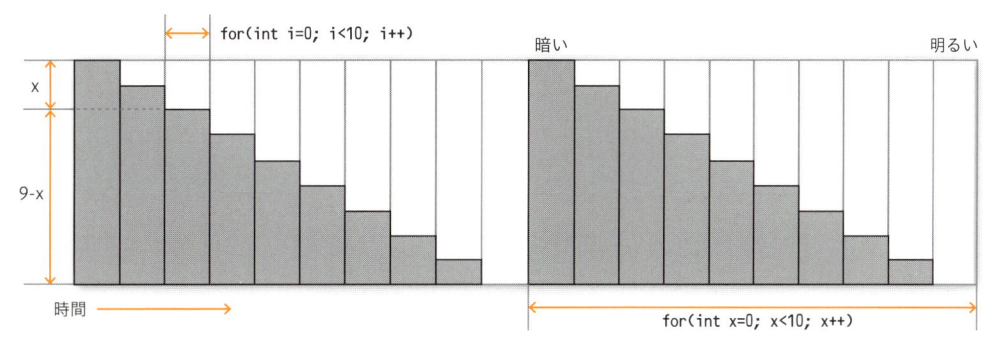

107

II. 基礎編

さらに、このスケッチをいろいろと応用させてみてください。例えば、だんだんと点灯し、だんだんと消灯していくことの繰り返しを行うとか、さらにそれを3秒置きで繰り返すとか、課題を設定して挑戦してみてはいかがでしょうか。

5.4 デジタル出力による圧電スピーカの制御

本節では、デジタル制御によって圧電スピーカから音を出してみましょう。5.2（4）項で説明したように、アナログ制御（PWM制御）による圧電スピーカの音の発生の仕組みは理解できたかと思います。

ここでは、「digitalWrite」関数を使って、高い音と低い音を出す方法を紹介し、さらにArduinoの標準関数「tone」を使った例も紹介していきましょう。

(1) デジタル制御によるスピーカ音の発生

最初に「digitalWrite」関数を使ったデジタル制御によるスピーカ音を鳴らしてみましょう。まずは、圧電スピーカの2つのケーブルを、例としてD12番ピンとGNDに接続します。この場合も極性は関係ありませんので、プラスとマイナスを気にする必要はありません。

図5.9 圧電スピーカのArduino接続

今度は、スケッチ5.5にあるように「digitalWrite」関数を使って、スピーカから音を発生させてみましょう。もちろんスケッチには、1サイクルの「HIGH」と「LOW」の時間（周期）を同じにして、音を発生させます（図5.10）。

ここでは、「delay(2)」を使って、「HIGH」と「LOW」を繰り返しています。つまり2ms（ミリ秒）と2ms（ミリ秒）の繰り返しの1周期が4mS（ミリ秒）となり、1秒間にすると250Hz（＝1000/4）の音となります。

スケッチ5.7　デジタル制御によるスピーカ音の発生
```
#define DX 12            // スピーカ(D12)設定
void setup()
{ pinMode(DX,OUTPUT);}   // デジタル出力定義
void loop()
{
  spkAlarm();            // アラーム関数呼び出し
  delay(500);
}
void spkAlarm() {        // アラーム関数
  for(int i=0; i<10; i++) {
    digitalWrite(DX,HIGH);
    delay(2);
    digitalWrite(DX,LOW);
    delay(2);
  }
}
```

いかがでしょうか。音は出てきましたでしょうか。このスケッチに記述してある2か所の「delay」関数の引数を変えて、音の違いを聞き分けてみてください。

また、ここではユーザ定義関数「spkAlarm」も作成しています。引数も戻り値もありませんが、自分なりに変更したりして発展させてみてはいかがでしょうか。

(2) デジタル制御によるスピーカの音階

周期の振動によって、スピーカの高低の音の制御を行うことは、理解できたでしょうか。一般に「ドレミ」の音階は、表5.5のような振動の周波数になります。

表5.5　音階の音の高さ(周波数：Hz)一覧

音階	3	4	5	6	7	8	9
B	247	494	988	1976	3951	7902	
A#	233	466	932	1865	3729	7458	
A	220	440	880	1760	3520	7040	14080
G#		415	831	1661	3322	6644	13288
G		392	784	1568	3136	6272	12544
F#		370	740	1480	2960	5920	11840
F		349	698	1397	2794	5588	11176
E		330	659	1319	2637	5274	10548
D#		311	622	1245	2489	4978	9956
D		294	587	1175	2349	4699	9398
C#		277	554	1109	2217	4435	8870
C		262	523	1047	2093	4186	8372

※この音階は、ド：C、レ：D、ミ：E、ファ：F、ソ：G、ラ：A、シ：Bとなります。

この音階の音を出す関数のスケッチを作成してみましょう。1秒間に「m」周期の音を発生させるには、スピーカの膜(振動板)が1秒間にOn(凸)とOff(凹)の状態を「m」回繰り返すことになります。つまり、HIGHの状態とLOWの状態が繰り返しされるのです。

本来、スピーカの音は正弦波によって出されるものですが、このスケッチでは矩形波によって音を出しています。矩形波については次項の図5.10を参照してください。

スケッチ5.8　音階を出す関数(mtone)とドレミ

```
#define DX 12
int abc[]={262,294,330,349,392,440,494,523};  //ドレミの設定
//トーン設定(dx：ピン番号、hz：周波数、tm：ミリ時間)
void mtone(int dx, int hz, unsigned long tm) {
  unsigned long t=millis();
  unsigned long ns = (long)500000/hz;  // 10000*50
  while(millis()-t<tm) {
    digitalWrite(dx,HIGH);
    delayMicroseconds(ns);
    digitalWrite(dx,LOW);
    delayMicroseconds(ns);
  }
}

void setup(){
  pinMode(DX,OUTPUT);  // スピーカのデジタル出力宣言
}
void loop() {
  for (int i=0; i<8; i++){
    mtone(DX,abc[i],500);
    delay(50);
  }
}
```

ここで作成した「mtone」関数は、Arduinoの内部関数として同様な「tone」が用意されています。以下、その紹介をします。

> **コラム**　スケッチ5.6で使っている「unsigned long t=millis();」の「unsigned long」(符号なし4バイト整数)は、「unit32_t」に置き換えることもできます(3.2(4)参照)。

(3) tone関数を使ったスピーカの音階

　Arduinoには、周波数に合わせて音を発生する「tone」関数と、それを止める「noTone」関数の2つが用意されています。この2つの関数を使って、デジタル制御による異なる音階の音をスピーカから出すことができます。その2つの関数について表5.6に説明をまとめておきます。

表5.6　toneおよびnoTone関数

関数名	説明
tone(ピン番号, 周波数) または tone(ピン番号, 周波数, 出力時間);	矩形波を作りスピーカの音を鳴らす ・ピン番号：デジタルピン番号 ・周波数：第4章の表4.1の値でドレミ音階が表示可能 (Hz) ・出力時間：音を鳴らす時間 (ミリ秒)
noTone(ピン番号)	toneで開始された矩形波の生成を停止 ・ピン番号：デジタルピン番号

　「tone」関数は、同じ周期1/2の間隔で、HIGHとLOWの値を切り替えてスピーカに送り、周波数を長くしたり短くしたりすることで、音の音階を変えています。また、「noTone」関数は、「tone」で出ている音を停止するものです。

　図5.10は、「tone」関数によって音を発するときのピンに流れる電圧の波（矩形波）の説明を行ったものです。HIGHとLOWが同じ周期 (fg) で繰り返していることになります。

図5.10　tone関数による矩形波参考図

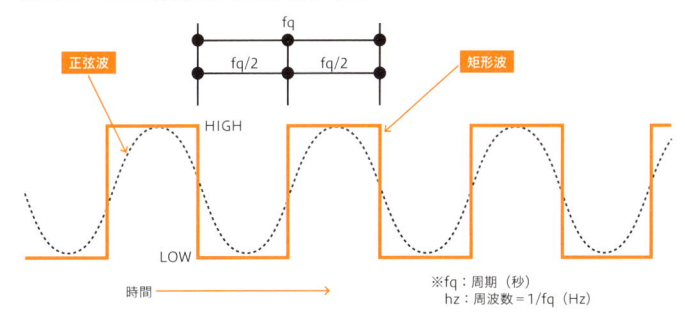

※fq：周期（秒）
　hz：周波数 = 1/fq（Hz）

　今度は、この「tone」関数を使って、圧電スピーカでメロディを出してみましょう。サンプルのメロディは、童謡の「チューリップ」です。スケッチ5.9は、そのメロディを2次元配列のデータとして入れて、「setup」関数のなかで奏でるものです。

スケッチ5.9　童謡「チューリップ」のメロディ演奏

```
#define TC 0   // ド
#define TD 1   // レ
#define TE 2   // ミ
#define TF 3   // ファ
#define TG 4   // ソ
#define TA 5   // ラ
#define TB 6   // シ
#define TX 7

int fq[]={262,294,330,349,392,440,494,0};   // 音階の周波数(Hz)ドレミ・・・
// メロディ配列データmo：「ドレミの歌」
int mo[45][2]={{TC,500},{TD,500},{TE,1000},{TX,1000}, {TC,500},{ TD,500},{TE,1000},{TX,1000},
               {TG,500},{TE,500},{TD,500}, {TC,500},{ TD,500},{TE,500},{TD,1000},{TX,1000},
               {TC,500},{TD,500},{TE,1000}, {TX,1000},{TC,500},{ TD,500},{TE,1000},{TX,1000},
               {TG,500},{TE,500},{TD,500}, {TC,500},{ TD,500},{TE,500},{TC,1000},{TX,1000},
               {TG,500},{TG,500},{TE,500},{TG,500},{TA,500},{TA,500},{TG,1000},{TX,1000},
               {TE,500},{TE,500},{TD,500},{TD,500},{TC,1000}};

void setup() {
  for(int i=0; i<45; i++){
    tone(12,fq[mo[i][0]],mo[i][1]);   // メロディ配列データmoを演奏
    delay(500);
  }
}

void loop() { }
```

どうでしょうか。思ったメロディが聞こえたでしょうか。このスケッチは、簡単なものですが、音階と音の長さを配列データで設定しています。このように、簡単なメロディなら、この段階でも挑戦できるのではないでしょうか。

5.5　モータ(ファン) をアナログ出力で動かす

Arduinoは、モータを含む駆動系のアクチュエータも制御できます。ただし、アクチュエータ類は、大きな電流を必要とし、過電流などを制御する必要があります。このようなアクチュエータを使う場合には、外部電源とコントローラ（モータドライバ）を使って制御します。

ここでは、Arduinoの電源だけで制御可能な、低い電流で動くファンを動かしてみましょう。ファンは、冷却機能を持ち、何かしら発熱する物体の近くから風を当てることで、熱を発散させるなどの目的で利用します。

(1) 小型DCファンを動かしてみる

ここでは、Arduinoの電源だけで動かすことができる消費電力が小さい小型DCファン（Nidec D02X 05TS1）を使って、アナログ出力での制御を行ってみましょう。この小型DCファンは、電源の電圧が5Vで、電流がごくわずかの50mA程度で駆動させることができます。

ここで紹介するファンに使っているモータには極性があるので、プラスとマイナスの配線は間違わないようにしてください。

まずは、小型DCファンを、図5.11のように、デジタル入出力ピン（PWM機能を持つD9）とGNDに接続してみてください。

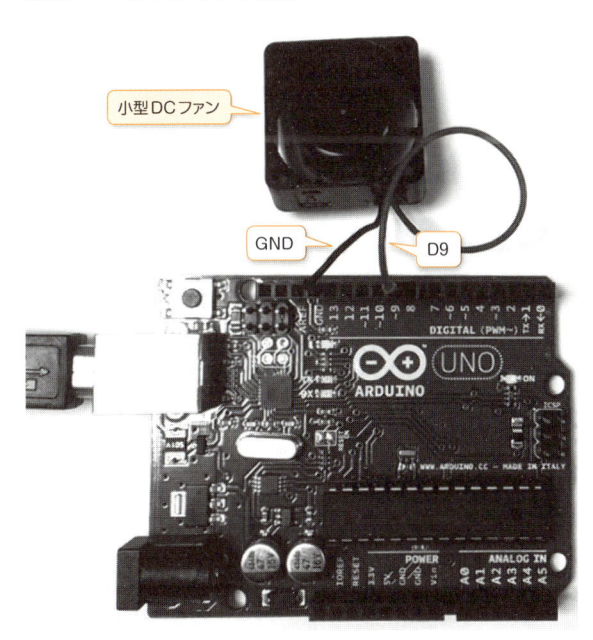

図5.11 小型DCファンの接続

つぎにスケッチ5.8でファンを駆動してみてください。

スケッチ5.10 小型DCファンの駆動

```
void setup() { }
void loop() {
  for(int i=0; i<256; i += 5) {
    analogWrite(9,255- i);   // PWMによるアナログ出力
    delay(100);
  }
  delay(1000);
}
```

このスケッチでは、小型DCファンの電圧を5Vから0Vへと小刻みで0.1秒間隔で、約5秒間回転をし続けますが、段階的に電圧を下げていっています。このことで、ファンの回転数は減速していきます。約5秒後には、電圧が0Vになりますが、その後も惰性でしばらくは回転を継続します。その後また駆動し、減速していき、停止するまでを繰り返します。

(2)可変抵抗でファンを制御してみる

今度は、第4章で使った可変抵抗器を使い、ファンの速度を変えることに挑戦してみましょう。具体的には、可変抵抗器を使って、抵抗を大きくしたり小さくしたりすることで、小型DCファンの回転数を変えるといったスケッチとなります。

それでは、可変抵抗器は第4章で紹介したように接続し、また小型DCファンも前項の図5.11のとおりに接続してみてください。

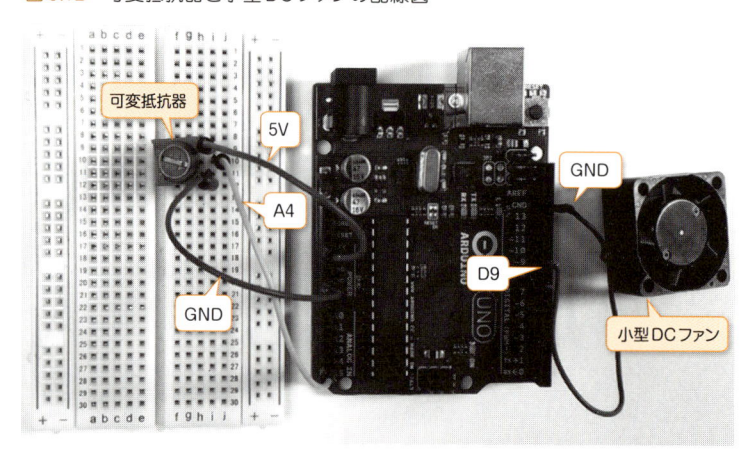

図5.12 可変抵抗器と小型DCファンの配線図

つぎに、可変抵抗器の値を読み込んで、その値に応じた小型DCファンの出力電源に変換するスケッチを考えてみましょう。これまで学んできた知識で、簡単にスケッチが作成できると思います。

スケッチ5.11 可変抵抗器と小型DCファンとの連動

```
void setup() { }
void loop() {
  int v = analogRead(A4);      // 可変抵抗値読み込み
  analogWrite(9,v/1023.0*255); // PWMによるアナログ出力
  delay(100);
}
```

このスケッチで使っている「analogWright」関数の「v/1023.0*255」という引数は、「analogRead(a4)」

で出力される値が「0 〜 1023」であるものを「0 〜 255」に切り替えています。もちろん、この引数を「map(v,0,1023,0,255)」に置き換えて、「analogWrite(9,map(v,0,1023,0,255));」としても同じ結果になります。

> ### ティップス（参考）：システム変数の値は何か
>
> 　Arduinoのスケッチには、いろいろなシステム変数が使われています。その中身を知りたくなりませんか？　それでは、その値がどうなっているかを見てみましょう。とくによく使われる「HIGH」と「LOW」の違いはしっかりと覚えるようにしましょう。
>
> 　実は、HIGHというシステム変数の代わりに「1」と置き換えても同じで、LOWの代わりに「0」と置き換えても同じ意味になります。
>
> 　また、Arduino Unoでは、アナログ入力ポートの「A0」から「A5」までが、デジタル出力ポートの「14」から「19」までとして使えるため、その値も確認してみましょう。
>
> 　次のスケッチのコメントにある値は、Arduino Unoの出力例です。
>
> ```
> void setup() {
>     Serial.begin(9600);
>     Serial.println(HIGH);    // = 1
>     Serial.println(LOW);     // = 0
>     Serial.println(A0);      // = 14
>     Serial.println(A1);      // = 15
>     Serial.println(A2);      // = 16
>     Serial.println(A3);      // = 17
>     Serial.println(A4);      // = 18
>     Serial.println(A5);      // = 19
>     Serial.println(true);    // = 1
>     Serial.println(false);   // = 0
> }
> void loop() {}
> ```
>
> 　これらのシステム変数を使ったコーディングをする代わりに、数値を直接設定しても同じ結果になります。また、アナログ入力のシステム変数「A0 〜 A5」は設定されていますが、デジタル入出力のシステム変数「D0 〜 D13」は設定されていませんので、その場合は、数値の「0 〜 13」を直接使うことになります。

第Ⅲ部

ステップアップ編

前の基礎編において、基本的なアナログ入出力とデジタル入出力について理解できたのではないでしょうか。いよいよステップアップ編では、さらにArduino活用のレベルアップについて紹介していきます。

　第6章では、これまで覚えたアナログやデジタル、それにシリアル通信を理解したことで、より高度な電子部品まで使いこなせるように紹介していきます。よく使うであろう温度センサーや光センサー、加速度センサー、距離センサー、それに出力系のLCD（液晶ディスプレイ）の使い方を紹介しましょう。これによって、入出力の基本的電子部品の組み合わせにいろいろと挑戦できるようになります。

　最終章の第7章では、知っておくと便利な機能群を紹介します。ここでは、タイマー機能やタブ機能、不揮発メモリー（EEPROM）、割り込み機能、それにシリアル通信機能などについてまとめました。また、インターネットを利用した情報収集の方法などについても紹介します。

第 **6** 章

高度な入力出力部品を使ってみよう

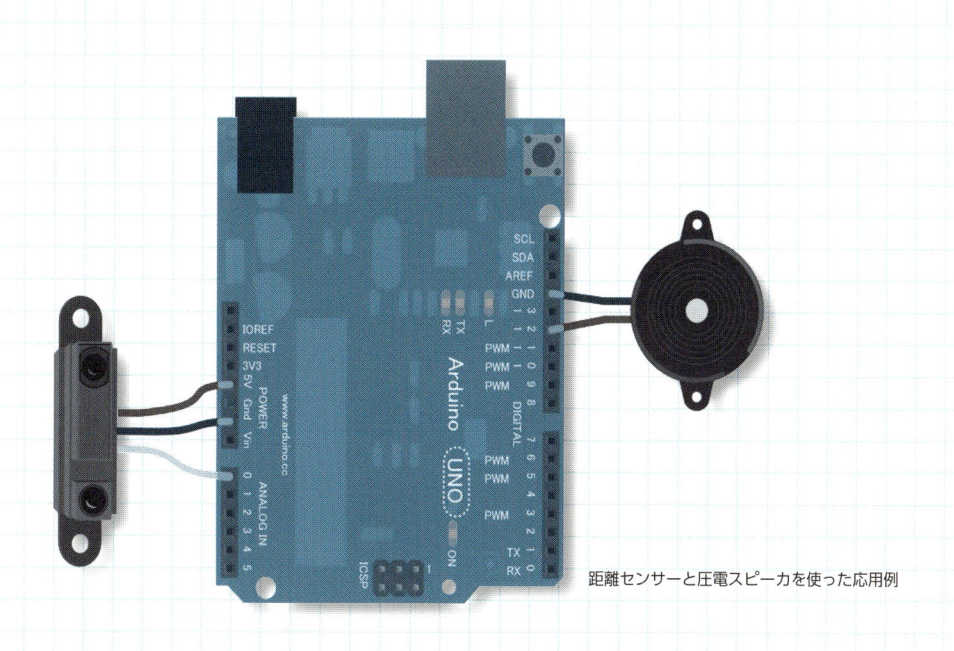

距離センサーと圧電スピーカを使った応用例

III. ステップアップ編

> ここでは、身の回りで便利に使える入力系のセンサー類やLCD（液晶ディスプレイ）などの出力系の電子部品を紹介していきます。Arduino上で電子部品をどう接続し、つぎにスケッチを作成し、すぐに動かすためにはどうするかを説明していきます。
>
> すでに第4章と第5章でも紹介したように、電子部品をArduinoにつないで動かすには、まず部品がアナログかデジタルのどちらで扱うかがポイントとなります。つぎに、スケッチの作成で、どのような変換式を使うかが重要となります。この2つのポイントをしっかりと押さえることで、ここで紹介する電子部品を簡単に使いこなせるようになってきます。
>
> それでは、基本的な仕組みを理解し、その使い方を覚えていきましょう。

6.1 温度センサー（アナログ）を使ってみよう

最初に扱いが簡単なアナログ電子部品の温度センサーを説明しましょう。温度センサーは、安価なものであれば、1個が数十円程度で、しかも簡単に温度測定ができます。ただし、安価なものは、測定値の精度を求めることはできません。精度を求めるのであれば、使う状況や、まわりの環境に合わせた高価なデジタルセンサーなどを使う必要があります。しかもArduinoからの熱が伝わらないように、ケーブルで離したりする必要があります。

ここでは、安価で、簡単にArduino上で温度測定ができるアナログの温度センサー「LM61BIZ」の使い方を紹介しましょう。

(1) つないでみる

温度センサー「LM61BIZ」は、外界の温度変化によって抵抗値が変わるアナログセンサーで、その抵抗値の特性をもって、摂氏温度（単位：℃）温度や華氏温度（単位：℉）温度への変換計算を行います。この「LM61BIZ」は、3本のピンがあり、両端ピンが電源電圧（＋Vs）とグラウンド（GND）で、中央のピンが出力電圧（Vout）となっています。

図6.1 温度センサー（LM61BIZ）と配線ピン（下から見上げた図）

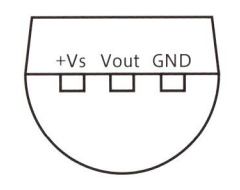

それでは、図6.2のように、この温度センサーをArduinoに接続してみましょう。

ここでは、温度値が出力される「Vout」ピンは、アナログ入力ポートのA0番ピンに接続します（もちろん他のアナログ入力ポートのピンでも構いません）。

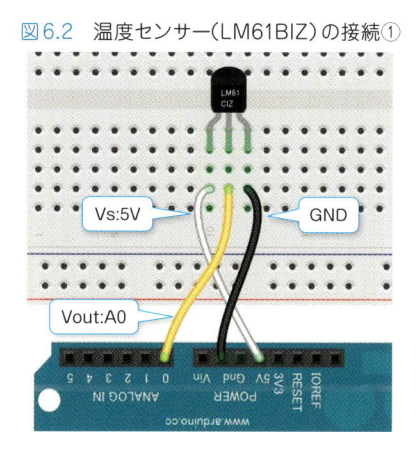

図6.2　温度センサー（LM61BIZ）の接続①

(2)スケッチを作成する

つぎにスケッチを作成していきますが、その前に、この温度センサー（LM61BIZ）の出力の仕様を確認していきましょう。仕様によると、この温度センサーの出力電圧（Vout）と摂氏温度（T）との関係式は、つぎのようになっています。つまり、これが変換式となります。

```
T=(Vout*Vs/1024-600)/10
```

ここで、Vsは、電源電圧（mV）となります。この場合5V（=5000mV）であるとすると、つぎのようになります。

```
T=(Vout*5000/1024-600)/10
```

この関係式を使って、ここでは温度の値を、摂氏と華氏との2つの値で出してみましょう。先に、「LM61BIZ」によって出力された値を、上述した変換式で摂氏温度を求めます。つぎに、摂氏温度（T）から華氏温度（F）への以下の変換式を使ってスケッチを作成してみます。

```
F=T*9/5+32
```

それでは、スケッチ6.1にサンプルスケッチを紹介します。

III. ステップアップ編

スケッチ6.1　温度センサー（LM61BIZ）を使った例
```
void setup() {
  Serial.begin(9600);
}
void loop() {
  int val = analogRead(A0);
  float cel = (float)val*500.0/1024.0-60.0;   // 温度（摂氏　単位℃）の計算
  Serial.print ( "Celsius = ");
  Serial.print ( cel );
  Serial.print ( " / Fahrenhit =");
  Serial.println ( (cel * 9)/ 5 + 32 );       // 温度（華氏　単位℉）の計算
  delay(1000);
}
```

　この場合も、出力温度はシリアルモニタを使って表示させています。このスケッチで特に注目すべき点は、出力されたセンサー値（val）を摂氏温度に変換する式と、さらに摂氏温度を華氏温度に変換する式が使われているところです。

　難しいところはありませんが、センサー値を読み込む「analogRead」が整数となるため、変換式ではそのセンサー値を実数に置き換えるための型変換キャストの「（float）」を付けていることにも注意してください。

(3)動かしてみる

　それでは、「LM61BIZ」とArduinoとの接続配線を行い、PC上で上記のスケッチをコンパイルして、Arduinoに書き込んで実行してみてください。なお、温度の値はシリアルモニタを開いて見ることができます（図6.3）。

図6.3　温度センサー値のシリアルモニタ画面

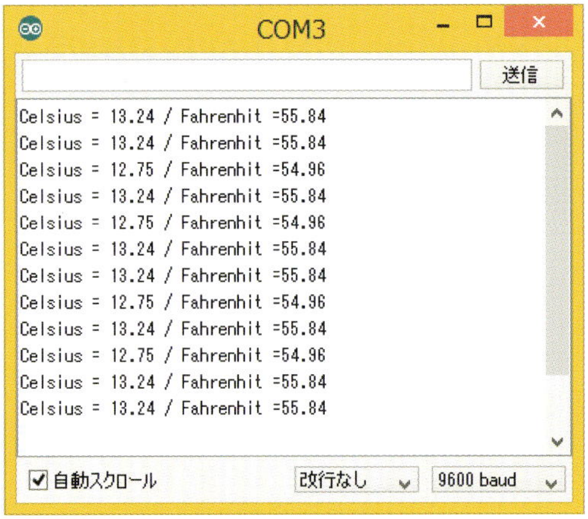

6.1 温度センサー（アナログ）を使ってみよう

（4）デジタル入力ピンの電源とGNDのテクニック

ここまでは、電源電圧5VピンとGNDピンとして、Arduinoの標準ピンを利用しました。ここでは、2つのデジタルピンを用い、ピンの値をHIGH（5V）とLOW（0V）に設定して、電圧5VピンとGNDピンに切り替える特殊な使い方（テクニック）を紹介しましょう。また、アナログピンの「A0」から「A5」までは、デジタルピンの「D14」から「D19」までに相当することも利用します。

それでは温度センサーの3本のピンを、そのまま「A0」、「A1」、「A2」ピンに接続してみてください。具体的な接続方法は、図6.4のとおりです。

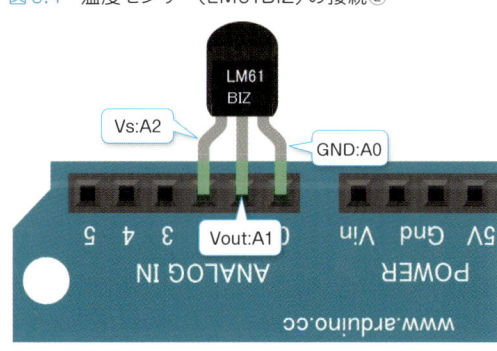

図6.4 温度センサー（LM61BIZ）の接続②

この場合のスケッチは、スケッチ6.2のようになります。

スケッチ6.2 連続したアナログピンで温度センサーを利用する例

```
void setup()
{
  pinMode(A0, OUTPUT);    // A0(LM61BIZ - GND)    ← A0ピンをGNDピンに
  digitalWrite(A0, LOW);
  pinMode(A2, OUTPUT);    // A2(LM61BIZ - VSS+)   ← A2ピンを5Vピンに
  digitalWrite(A2, HIGH);
  Serial.begin(9600);
}
int getTemp(void)   // 温度センサ読み取りおよび変換式関数
{
  int mV = analogRead(A1) * 4.88;
  return (mV - 600);
}
void loop()
{
  int temp = getTemp();
  char body[20];
  sprintf(body, "temp= %d.%d C", temp/10, temp%10);   // 文字列連結関数
  Serial.println(body);
  delay(1000);   // 待機時間
}
```

この中の「setup」関数の最初の4行で、「A0」ピンをデジタルピンとして宣言し、GNDを意味する「LOW」を設定し、つぎに「A1」ピンを同じくデジタルピンとして宣言し、電圧V5を意味する「HIGH」を設定しています。温度センサーの真ん中のピンは、アナログ入力の「A1」ピンとして、「getTemp」関数の中で値を取り出しています。

ところで、この「getTemp」関数では、先のスケッチ6.1で算出した温度値よりも10倍大きい値で取り出しています。その理由は、次に紹介する「sprintf」関数を使った文字列処理で利用するためです。ここでは、出力表示する文字列（配列）「body」を使い、この「sprintf」関数によって温度値を代入し、次の「Serial.println(body);」でシリアルモニタ画面に結果を表示させています。

結果は、図6.5のように表示されます。

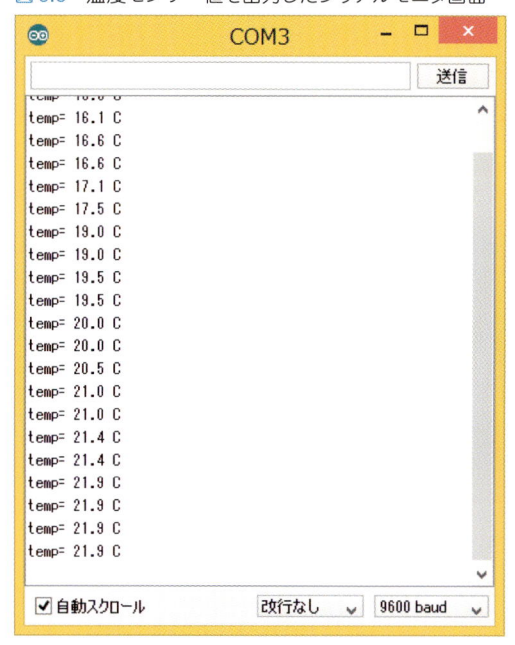

図6.5　温度センサー値を出力したシリアルモニタ画面

ここで紹介したデジタル出力の「HIGH/LOW」を電源電圧（5V）とGNDに利用する方法を学びましたが、この方法が必ずしもすべてのセンサーに使えるわけではないことに注意してください。特にデジタルセンサーでは、Arduinoの電圧が切り替わる際に不安定になり、値を取得できない場合があります。

(5)ポイントを理解する

この温度センサー「LM61BIZ」は、アナログセンサーであるため、「analogRead」関数を使って値を読み込みました。しかし、取得されたセンサー値は温度そのものではなく、変換式が必要となります。

6.1 温度センサー（アナログ）を使ってみよう

アナログセンサーには、このように変換式が必要なものが多く、しかも簡単な式で表せるとは限りません。利用する温度センサーの特性や変換式を確認しながら、利用するようにしてください。

それからここでは、アナログ入力ポートを使って、電源電圧ピンとGNDピンとして使うことや、「sprintf」関数を使って、整数を文字列に組み込む処理を学びました。この２つのテクニックは、いろいろな場面で利用できますので覚えるようにしてください。

ここで「sprintf」関数定義を紹介しておきます。

「sprintf」関数の定義

```
int sprintf(pr, fm, x0, x1, …xn)
```
ここで、pr は出力する文字列
fm は出力する文字列フォーマット
x0、x1…xn は文字列フォーマットに出てくる変数

例えば、先の例でのfmは、"temp=％d,％d C"となっています。この中に「％d」が２回出てきますが、この２つに変数、「temp/10」（tempを10で割った商）と「temp％10」（tempを10で割った余り）との２つが「％d」に割り当てられます。

例えば、「temp」の値が「123」の場合には、「temp/10」が「12」、「temp％10」が「3」となり、出力する文字列「body」には、「temp ＝ 12.3 C」が入ります。

この他「％d」（整数）以外では、「％c」（1文字）、「％s」（文字列）、「％x」（16進数整数）、などがあります（注意：Arduinoでは、実数表記の「％f」が使えないために、上記のような処理を行いました）。

以下「sprintf」関数を使ったサンプルスケッチを掲載しておきます。

スケッチ6.3 sprintf関数を使った文字列処理の例

```
char pr[30];
void setup()        // sprintf関数のサンプル出力テスト
{ Serial.begin(9600);
  sprintf(pr,"%c,%s,'%5x',%2d.%2d",'A',"BCDE",2013,15,21);
  Serial.print(pr); }
void loop() {}
```

ここでの結果は、以下のようになります。

```
A,BCDE,'  7dd',15.21
```

上記のスケッチを、いろいろと変更してみて、表示結果を確認してみてください。

6.2 光センサー（アナログ）を使ってみよう

　Arduino上で簡単に利用できる光センサーには、アナログセンサーのCdS（硫化カドミウム）やフォトトランジスタ、フォトICダイオードなどがあります。これらは、アナログセンサーであることから、前節と同じように、簡単にArduinoに接続して利用することができます。

　ただ、精度の高い照度（単位Lx:ルクス）を出すセンサーや、太陽光などの何万Lxといったとても明るい照度を出すセンサーなどは、高価なもので、デジタルセンサーとなり、取り扱いも難しくなります。

　ここでは、照度センサーではなく、明るいか暗いかだけを感知する光センサーとして紹介していきます。

(1) つないでみる

　まずは光センサー（CdS）をArduino上につないでみましょう。ここでは追加の電子部品として、抵抗1KΩを使います。このCdSと抵抗は、ともに極性はありませんので、プラス側とマイナス側を気にすることなく接続できます。

　それでは、図6.6のように光センサーと抵抗（1KΩ）をブレッドボード上に配置し、ジャンパワイヤ3本を使ってArduinoと接続します。

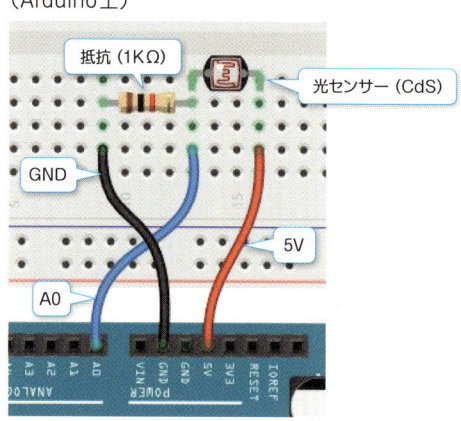

図6.6　光センサー（CdSセンサ）の接続（Arduino上）

　Arduino側には、電源5VとGND、それにアナログ入力ポートのA0番ピンに接続します。

(2) スケッチを作成する

　ここでは、光センサーから読み取った値そのものを表示させてみましょう。単に明るいか暗いかが

数値変化によって読み取ることができます。

それでは、スケッチ6.4を作成してみてください。

スケッチ6.4　光センサー(CdS)を使った例

```
void setup()
{ Serial.begin(9600);}
void loop()
{ char pr[12];
  sprintf(pr, "Light = %d", analogRead(A0));   // アナログ値読み込み
  Serial.println(pr);
  delay(100);   // 待機時間0.1秒
}
```

ここでは、loop関数内の2行目で、アナログA0ピンから読み込んだ値を、先に学んだ「sprintf」関数を使って、一度「pr」文字列変数に入れています。光センサーから読み取った値を、文字列「pr」に設定し、シリアルモニタ画面で表示させています。またここでの待機時間「delay」は、光センサーの反応が速いことで0.1秒間隔にしています。

(3)動かしてみる

それでは、実際に実行してみましょう。光センサーCdSに手をかざし、値の違いを見てみましょう。どうでしょうか。センサー値が変わるのが見て取れるでしょうか。明るいと値が大きくなり、暗いと値が小さくなることを確認できたでしょうか。

以下には、モニター画面に表示される例を載せておきます(図6.7)。

図6.7　光センサーを使ったサンプルスケッチのシリアルモニタ画面

(4)変更してみる

つぎは、まわりの明るさの変化で、LEDを点灯させたり消灯させたりしてみましょう。具体的には、Arduino基板上にあるLED「L」を使ってみます。

光センサーCdSのまわりが暗くなると、LEDを点灯させ、明るくなると消灯させるスケッチを考えてみましょう。ここでは、CdSの値がある値（閾値）以上になった場合に、LEDを点灯させてみます。このある値は、前項で行った例で出てきた値を見て決めてみてください。ここでの例では、「50」を使っています。

スケッチは、スケッチ6.5のように簡単に記述できます。

スケッチ6.5　光センサー（CdS）によるLED点灯プログラミング

```
#define LedPin 13
void setup()
{  pinMode(LedPin, OUTPUT); }
void loop()
{  if ( analogRead(A0)<50) digitalWrite(LedPin,HIGH);   // 暗いとLED点灯
   else digitalWrite(LedPin,LOW);                       // 明るいとLED消灯
}
```

ここでのスケッチは、先頭行にプリプロセッサ「#define」を使って、「LedPin」の宣言をしています。以下のステートメント中に、この「LedPin」が3度出てきています。このように複数行のピン番号を変更することを考えた場合には、このプリプロセッサを使うか、グローバル変数を使って「byte LedPin=13;」とすると、変更が容易になります。

ところで、「loop」関数の中の制御文「if－else」の2行は、以下の1行でも表すこともできます。

```
digitalWrite(LedPin, analogRead(A0)<50?HIGH:LOW);
```

この中の「analogRead(A0)<50?HIGH:LOW」では、条件演算子の「A?B:C」を使って処理しています。Aが条件項目で、真の場合Bの処理を、偽の場合Cの処理を実行するものです。

(5)ポイントを理解する

ここで使った光センサーCdSの特徴は、まわりの環境が明るくなると抵抗値が小さくなり、暗くなると抵抗値が大きくなります。また出力される値の単位は、照度といったルクスではありません。

またCdSによって出力される値は、屋内の明るさ程度であれば十分に変化を捉えることができます。この明るさの変化を利用することでは、朝夕の判別も可能で、照明機器の自動点滅などに使えます。また、遊びとしてライントレースなどに利用することもできます。こちらは、紙面上に黒いラインが引いてあり、そのわずか上に光センサーを設置し、紙面の明るさ（ライン上かどうか）を捉えることができます。この場合にも実際にその場で判定する値（閾値）を読み取って、プログラミングする必要があります。

> **コラム** 著者は、オフィスに光センサーと温度センサーを1年以上設置して、観測を続けてきています。オフィスにいて働いている時間や、エアコンを使っている場合などがわかるようになっています。観測時間は、基本的には15分間隔ですが、急に暗くなったり、明るくなったりした場合には、その時点での光センサー値を取り出しています。

6.3 加速度センサー(アナログ)を使ってみよう

　加速度センサーは、物体に働く加速度値を出力するセンサーとなります。つまり、物体が動きだすときとか止まるとき、さらに地球の重力の方向などを加速度センサーで捉えることができます。すでに自動車などの安全装置や、ロボットの姿勢制御、ゲームなどのコントローラ、さらにはスマホやタブレットPCなどでも利用されるようになってきました。

　この加速度センサは、空間が3次元であることから、多くは3軸方向(X,Y,Z)の加速度センサーが広く出回っています。また、このところの技術の進歩によって、今では1000円以下になるような安価な3軸加速度センサーが購入できるようになりました。Arduino上で簡単に使える3軸加速度センサーもアナログやデジタルで値を取り出します。ここで紹介する3軸加速度センサーは、アナログ出力関数「analogRead」を使って3つの方向の加速度を取り出すことができるものを紹介します。ただし、ここで使うセンサーは、精度が低いため、加速度を積分し速度を計算したり、さらに速度を積分して変位を計算したりすることはできません。

　それでは、ブレッドボードに差し込むだけで利用できる3軸加速度センサー「KXR94-2050」を使って、ケーブル配線を組み立て、スケッチ作成して動かしてみましょう。

(1)つないでみる

　ここで紹介する3軸加速度センサー「KXR94-2050」は、8本の足ピンを持ちますが、このうち7本のピンを使ってArduinoと接続します。

図6.8　加速度センサー(KXR94-2050)の配線

(2)スケッチを作成する

ここでのスケッチでは、図6.8のようにアナログ入力ポートの「A0」から「A2」までを使って、X方向、Y方向、Z方向の加速度を取り出します。

また、変換式は、「KXR94-2050」の仕様書に記載されている内容から、以下のように処理します。

加速値＝出力値×供給電圧/1023－供給電圧/2

それでは、以下にスケッチを紹介しましょう。

スケッチ6.6　加速度センサーのスケッチ①
```
void setup()
{ Serial.begin(9600); }
void loop() {
    Serial.print(" X = "); Serial.print(acc(A0));
    Serial.print(" Y = "); Serial.print(acc(A1));
    Serial.print(" Z = "); Serial.println(acc(A2));
    delay(100);
}
float acc(byte pin)   // 加速度値の変換式
{ return (analogRead(pin)*5.0/1023.0-2.5); }
```

ここでは、変換式を、外部関数「acc」として定義しています。引数は、ピン番号とし、関数の戻り値になる加速度値は、実数（float型）としています。

(3)動かしてみる

それでは、上記のスケッチを動かしてみましょう。加速度センサを水平にした場合、重力がZ軸方向に出てくるのがわかるでしょうか。また、いろいろな方向に傾けて、重力方向が変わることが読み取れるでしょうか。

図6.9　加速度センサーのサンプルスケッチによるシリアルモニタ画面

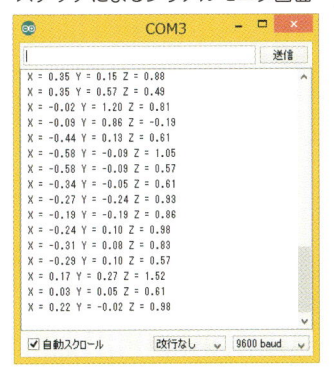

(4) 変更してみる

スケッチ6.6では、「loop」関数に「Serial.print」文が何度も出てきましたが、変換式とプリント出力を1つに取り込んだ関数を作ってみましょう。こちらは、戻り値のないvoid型になり、スケッチ6.7のようになります。

スケッチ6.7　加速度センサーのスケッチ②

```
void setup()
{ Serial.begin(9600); }
void loop() {
  acc_print('x',A0);
  acc_print('Y',A1);
  acc_print('Z',A2);
  Serial.println();
  delay(100);
}
void acc_print(char d, byte pin) {
  Serial.print(d);
  Serial.print(" = ");
  Serial.print(analogRead(pin)*5.0/1023.0-2.5);
  Serial.print(" ");
}
```

また、先に紹介したスケッチ6.6とこの6.7との違いを理解し、さらにプログラミングを進化させてみてください。

(5) ポイントを理解する

加速度センサーは、出力値を見てわかるように、重力方向が読み取れます。この重力方向が変わることで、傾きがわかります。また、読み取る間隔を0.01秒ごとなど短い時間で捉えれば、地震動の波なども測定できます。

ここで紹介した加速度センサーは、アナログセンサーでしたが、シリアル通信(I2C)を使ったセンサーも安価で入手できるようになってきました。ネット上からこれら安価なセンサーを捜しだして購入し、挑戦してみてはいかがでしょうか。

6.4 超音波距離センサー（デジタル）を使ってみよう

超音波センサーは、人間の耳には聞こえない高周波の音を出力し、反射物に当たって返ってくる時間を計測して距離を測定するものです。人や動物、さらには物などが近づいたり、遠ざかったりするのを察知したり、水かさの変化を測定したり、天井までの高さを測定したりするなど、いろいろな場面で使うことができます。

6.4 使ってみよう

　ここでは、超音波距離センサーの仕組みを説明し、プログラミングでのポイントを紹介していきます。特に、仕組みを知る必要が無い場合には、読み飛ばし、つぎの(2)からはじめても構いません。

(1)超音波距離センサーとは

　超音波距離センサーの仕組みとして、図6.10に示すように、障害物までの距離（L）と、障害物に当たって返ってくる音の時差（ΔT）、それに音速（C）との関係で、以下のような簡易式にまとめることができます。

超音波距離センサーの簡易式
L ＝ C×ΔT/2
ここで、Lは、障害物までの距離
Cは、音速（簡易式は331＋0.6×t：単位m/s）
ΔTは、超音波の発信から受信までの時間差

図6.10　超音波センサーの仕組みによる障害物までの距離と超音波の時差との関係

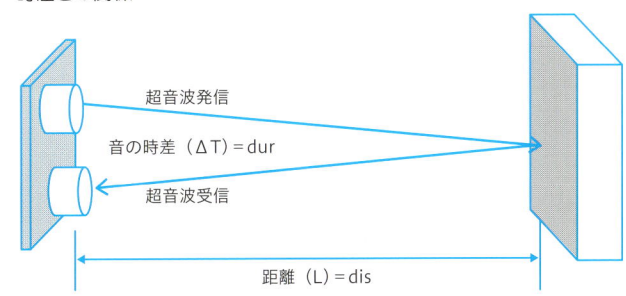

　一方、超音波センサーは、図6.11に示すように、デジタル信号の「HIGH」と「LOW」の切り替えによって、送受信機（発信側と受信側）での時間差を読み取ることができます。
　ここでは、上記の音速の計算式に出てくる温度（t）を15℃とし、音速（C）を「340m/s」と仮定して距離計算に使っています。

図6.11　超音波センサーの送信側と受信側との関係

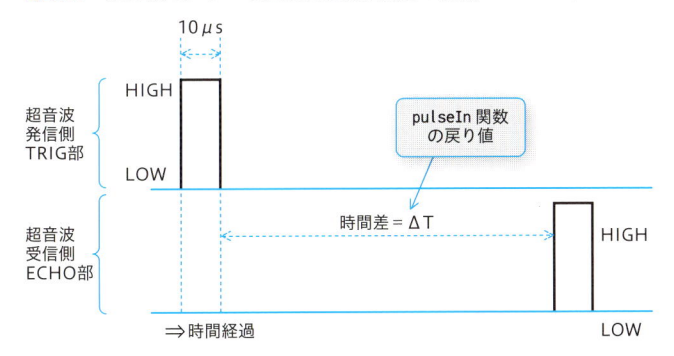

III. ステップアップ編

　以上から、障害物までの距離 (L) と超音波センサによって読み取れる時間差 (ΔT) との簡易式は、つぎのようになります。

$$L = 340 \times \Delta T/2 \text{ (単位：m)}$$
$$ = 170 \times \Delta T$$

　この関係式での単位は「m：メートル」と「s：秒」となっていますが、実際に超音波センサで取得できる範囲 (仕様書から) は、「2cm〜4m」ほどで、時間差は「マイクロ秒」単位となっています。

(2) 超音波センサーをつないでみる

　現在、超音波距離センサーは、1個1000円を超えるものが多く、送信器と受信器の2つを持つタイプや、単独の送受信器を持つものがあります。また接続ピンも電源とGNDの他に、1つで送受信を行う3本のものと、送信と受信を別々に行う4本のものとがあります。

　ここでは、送受信器をそれぞれ持つタイプで、3本と4本のピンを持つものを紹介しましょう。これらの測定距離範囲は、ともに数センチから3m〜4mまでとなっています。またともに5V系なので3.3V系のArduinoでは利用できないことに注意してください。

図6.12　超音波距離センサー（左：4本ピン HC-SR04、右：3本ピン SEN136B5B）

　超音波距離センサーは、デジタル通信を使ったセンサーで、ピンの意味は表6.1のようになっています。

表6.1　超音波距離センサーのピン一覧

製品名	HC-SR04	SEN136B5B
ピン本数	4本	3本
ピンの意味 （正面左から）	Vcc：5V Trig：送信側ピン Echo：受信側ピン Gnd：グラインド	SIG：送受信ピン VCC：5V GND：グラインド
測定距離範囲	2cm〜4m	3cm〜4m

　それでは、ピンをArduinoにつなぎますが、ここでは、4本ピン (HC-SR04) と3本ピン (SEN136B5B)

の両方について紹介しましょう。

　ここでは、まず4本ピンの「HC-SR04」は、Trig（送信側）ピンを「D8」に、Echo（受信側）ピンを「D9」に接続してみましょう。このTrigピンとEchoピンは、デジタルピンであれば、「D0」から「D13」まで、またはアナログ入力ピンの「A0（D14）」から「A5（D19）」まで使うことができます。

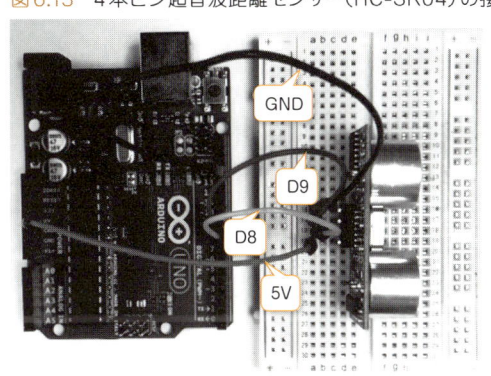

図6.13　4本ピン超音波距離センサー（HC-SR04）の接続

　また、3本ピンの「SEN136B5B」については、図6.14のように直接アナログ入力ポートに差し込んでみましょう。先の6.1の（4）で紹介した事例と同じように、電源とGNDをデジタルピンのHIGHとLOWを使って処理しています。

図6.14　3本ピン超音波距離センサー（SEN136B5B）の接続

(3)スケッチを作成してみる

　ここでも4本ピンと3本ピンの2つの超音波距離センサーによるスケッチを紹介しましょう。まず、図6.13に示した4本ピン（HC-SR04）の場合のスケッチは、スケッチ6.8のようになります。

III. ステップアップ編

スケッチ6.8　4本ピンの超音波距離センサー「HC-SR04」を使ったスケッチ

```
#define TRIGPIN 8   // トリガー（送信側）ピン
#define ECHOPIN 9   // エコー（受信側）ピン
#define CTM 10      // HIGHの時間（μ秒）
void setup() {
  Serial.begin (9600);
  pinMode(TRIGPIN, OUTPUT);   // トリガーピンのデジタル出力設定
  pinMode(ECHOPIN, INPUT);    // エコーピンのデジタル入力設定
}
void loop() {
  int dur;     // 時間差（μ秒）
  float dis;   // 距離（cm）
  digitalWrite(TRIGPIN, HIGH);
  delayMicroseconds(CTM);
  digitalWrite(TRIGPIN, LOW);
  dur = pulseIn(ECHOPIN, HIGH);   // HIGHになる待ち時間の計測
  dis = (float) dur*0.017;        // 音速による距離計算
  Serial.print(dis);
  Serial.println(" cm");
  delay(500);
}
```

　ここで、「pulseIn」関数を使うことで、超音波が発信されてから、それが物体に反射して返ってくるまでの時間を読み取ることができます。

　同様に、図6.14に示した3本ピン（SEN136B5B）の場合のスケッチは、スケッチ6.9のとおりとなります。ここでも「pulseIn」関数を使っていることに注意してください。この関数は、(5)項で説明しています。

スケッチ6.9　3本ピンの超音波距離センサー「SEN136B5B」を使ったスケッチ

```
#define PIN A0   // 送受信ピン
#define CTM 10   // HIGHの時間（μ秒）
void setup() {
  Serial.begin (9600);
  pinMode(A1,OUTPUT);    // A1ピンを電源（5V）設定
  digitalWrite(A1,HIGH);
  pinMode(A2,OUTPUT);    // A2ピンをGND設定
  digitalWrite(A2,LOW);
}
void loop() {
  int dur;     // 時間差（μ秒）
  float dis;   // 距離（cm）
  pinMode(PIN,OUTPUT);
  digitalWrite(PIN, HIGH);
  delayMicroseconds(CTM);
  digitalWrite(PIN, LOW);
```

```
    pinMode(PIN,INPUT);
    dur = pulseIn(PIN, HIGH);    // HIGHになる待ち時間の計測
    dis = (float)dur*0.017;
    Serial.print(dis);
    Serial.println(" cm");
    delay(200);
}
```

(4)動かしてみよう

　それでは上記のスケッチを動かしてみてください。シリアルモニタ画面に、事例として図6.15のような測定した距離が表示されます。正確に表示されたでしょうか。センサーに手をかざしてみて、表示される数値を確認してみてください。

図6.15　超音波距離センサーによるシリアルモニタ画面表示例

(5)ポイントを理解する

　ここでの3本および4本ピンの超音波距離センサーでは、「pulseIn」関数を使っています。この関数仕様は以下のとおりとなっています。

> **pulseIn関数の仕様**
>
> `unsigned long pulseIn(byte pin,boolean val,unsigned long tout);`
> ここで、pin：パルスを入力するピン番号
> val：測定するパルスの種類（HIGHまたはLOW）
> tout：タイムアウト時間（省略可）
> 戻り値：パルスの長さ（マイクロ秒）

　上記2つのスケッチでは、この「pulseIn」関数によって「HIGH」の戻り時間を取出し、距離計算に使いました。
　また、この距離計算では、以下の音速の簡易式によって値を求めました。

III. ステップアップ編

> C（音速）＝331＋0.6×t [m/s]
> ここで、tは温度（度）

　ここでの温度「t」を15度とし、音速を340m/sと仮定して、距離計算に用いてきました。例えば温度が0度と25度とした場合の違いでは、音速が331m/sと346m/sとなり、誤差が、仮定した340m/sに対し、−9mと＋6mの誤差が生じてきます。つまり距離センサーで300cmが出てきた場合、外周温度が0℃のときの誤差は、−7.9cm（−9/340*300）、25℃のときの誤差は、＋5.3cm（＋6/340*300）と出てきます。この誤差をなくしたい場合には、温度センサーを取り付けて、その値を使った計算式を組み入れてみてはいかがでしょうか。

> **コラム** 超音波距離センサー3本ピンの事例で、6.1の(4)で紹介した直接デジタル出力ピンを電源とGNDに使った例を紹介しました。この方法を、4本ピンのセンサーでも実施できるものと思って、著者も挑戦したのですが、残念ながらいくつかの製品においてはばらつきが出て距離算出ができませんでした。具体的にオシロスコープを使って検査した結果、電源5Vの不安定さが生じていて、うまくセンサーが稼働しない製品がありました（一部の製品ではうまくいく場合もありました）。

6.5 赤外線距離センサー（アナログ）を使ってみよう

　今度は、赤外線距離センサーを使った距離測定を行ってみましょう。シャープ製の赤外線距離センサー（GP2Y0A21YK）は、1000円以下と安価で、また扱いが簡単であることから、広く使われている電子部品の1つです。仕様書には、障害物との距離が、10cm前後から80cmほどまで感知できると記載されています。また電源は電圧5Vを供給するようになっています。

　この赤外線距離センサーもアナログ入力によって「0から1023まで」の値を取り出しますが、少し複雑な変換式を使って距離算出を行います。

図6.16　赤外線距離センサー（GP2Y0A21YK）

(1)赤外線距離センサーの仕組みを知る

ここでは、赤外線距離センサーの仕組みを理解しましょう。赤外線距離センサーは、超音波距離センサーのように反射して返ってきた光の速さの誤差を捉えることはできません。赤外線そのものの光の速さが高速過ぎて計測できないことによります。この赤外線距離センサーによる距離の出し方は、発信した赤外線が、障害物に当たって返ってきたものを受信し、その時のわずかな誤差（ズレ）をもって距離を算出しています。

図6.17 赤外線距離センサーの仕組み

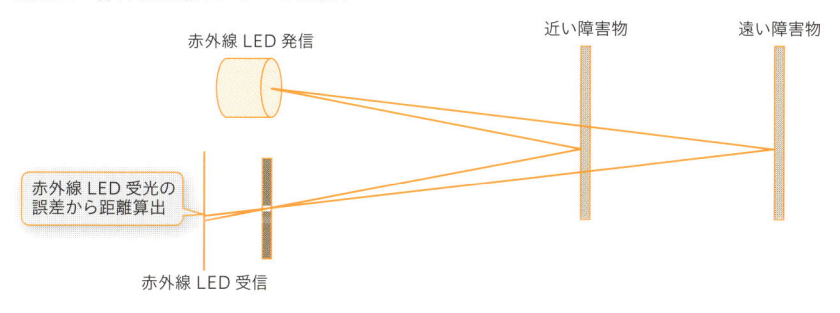

(2)配線してみる

赤外線距離センサー「GP2Y0A21YK」をArduino上で使うのは簡単です。このセンサーに取りつく3つのケーブルを、電源電圧5VとGND、それにセンサ値が出てくるピンをアナログピンに配線するだけです。

たとえば図6.18のようにアナログ入力ポートのピン番号「A0」に接続してみてください。

図6.18 赤外線距離センサーの配線

(3)スケッチしてみる

ここでは先頭に変数「Vcc」として、電源の電圧「5V」を実数で設定しています。また、出てくる結果も実数単位として計算するため、実数の変数「dist」を使っています。

III. ステップアップ編

　この赤外線距離センサー「GP2Y0A21YK」は、後で紹介する仕様書に従って、以下の距離を求める近似変換式を使ってプログラミングします。

$$距離 = 26.549 \times 電圧 Vout^{-1.2091}$$

　特に数学が不得意でも、スケッチ6.10のようにプログラミングすれば、距離が算出できるようになっています。

スケッチ6.10　赤外線距離センサーを使うスケッチ
```
float Vcc = 5.0;   // 電圧（5V）
float dist;

void setup()
{
  Serial.begin(9600);
}
void loop()
{ dist = Vcc*analogRead(A0)/1023;
  dist = 26.549*pow(dist,-1.2091);   // 2行にまたがる距離計算式
  Serial.print( " Dist = ");
  Serial.print(dist );
  Serial.println(" cm ");
  delay(300);
}
```

　この変換式は、実際には、以下のように2行にわたって距離（cm）の算出を行っています。

```
dist=Vcc*analogRead(A0)/1023;
dist=26.549*POW(dist,-1.2091);
```

　この中で、1行目に「analogRead」関数を使って、アナログ「A0」ピンで入力された値を読み取り、5Vに換算しています。
　ここで、「pow(float x, float y)」関数は、xのy乗を計算する関数となります。もちろん、これらの2つの式を1つにまとめることもできます。

```
dist=26.549*POW(Vcc*analogRead(A0)/1023,-1.2091);
```

(4)動かしてみる

それでは、結果はどのように出てくるでしょうか。スケッチをコンパイルし、Arduinoに読込んで実行させてみてください。赤外線距離センサーに手をかざすか、障害物に近づけたり、遠ざけたりしてみてください。ほぼ想定どおりの距離が表示されるでしょうか。

図6.19　赤外線距離センサーによる出力事例

(5)変更してみる

今度は、ブザーと一緒に距離センサーを組み合わせて使ってみましょう。ある物体が距離センサーに応じて、音階の違う音をブザーで鳴らすということで作成してみましょう。ここでは、ドレミの音階を先に設定し、反応する距離に応じてドレミの音を変化させていきます（テルミンに似た楽器となります）。

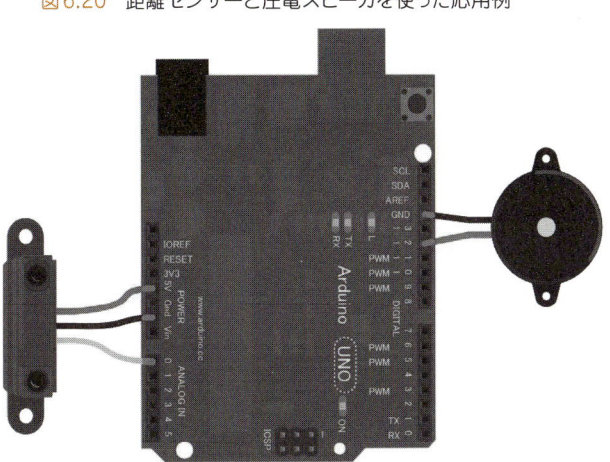

図6.20　距離センサーと圧電スピーカを使った応用例

III. ステップアップ編

スケッチ6.11　距離センサーと圧電スピーカを使った応用例のスケッチ

```
#define DUR 200   // 音の長さ

float Vcc=5.0;   // 距離センサーの外部電圧
// 音階の周波数（Hz）ドレミ・・・
int fq[]={262,294,330,349,392,440,494,523};

void telmin(int dist) {   // テルミン
  int i=dist/10; if(i>7) i=7;
  tone(12,fq[i],DUR);     // D12とGNDに挿した圧電スピーカ
  delay(DUR);
}

void setup() { }

void loop() {
  float Vout = Vcc*analogRead(0)/1023;   // A0で出てくる電圧
  float cm = 26.549*pow(Vout,-1.2091);
  telmin((int)cm);
}
```

（6）ポイントを理解する

　この距離センサー「GP2Y0A21YK」は、超音波距離センサーのように幅広く正確な値を出すことはありません。この距離センサー（GP2Y0A21YK）の仕様書（データシート）には、出力されるアナログ値と距離との関係グラフとして、図6.21のように添付しています。

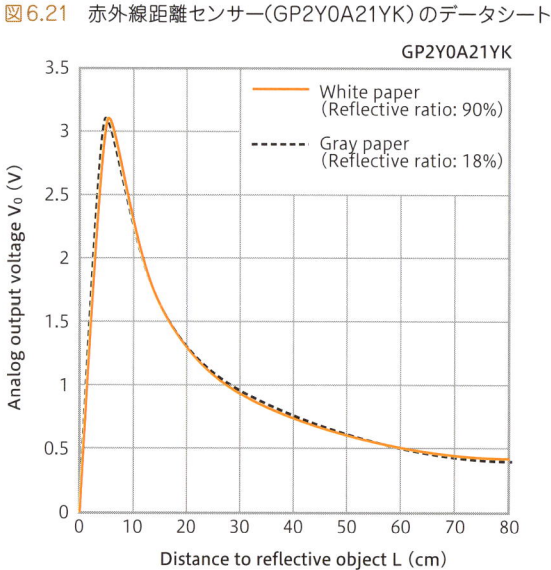

図6.21　赤外線距離センサー（GP2Y0A21YK）のデータシート

このグラフから、先の変換式、つまり、ここでは近似式がつくられています。これを見るとわかるように、変換式において距離が4～5cm以下になると精度が落ちるようなので、使い方には注意が必要です。

より広い範囲で、しかも正確な距離を出すには、超音波距離センサーを使ってみてください。

6.6 液晶ディスプレイ（LCD）を使ってみよう

これまで、Arduino上のセンサー値などを表示させる場合には、PC上のシリアルモニタ画面上で表示させて確認してきました。また、電子部品の入出力では、アナログやデジタルの簡単なものを使ってきました。

ここでは、少し高度なシリアル通信と呼ばれるなかのI2C（アイスクエアシーやアイツーシーなどと呼ぶ）を使った液晶ディスプレイ（LCD）を紹介しましょう。このLCDを使うことで、ArduinoをPCから切り離し、センサー値などを表示確認することができるようになります。つまり、Arduinoに外部バッテリを使い、センサー値をLCDに表示させ、どこにでも持ち歩けるようになります。

それでは、なるべく安価で、簡単に使えるLCD（8文字×2行：通販用の商品番号PC-06669など）を紹介していきましょう。このシリアル通信接続小型LCDは、製品番号AQM0802Aなどとなっていますが、ピン変換した製品化になったものは、主要なWeb販売サイトから購入することができます。また、この製品では、アルファベット表示だけでなく、カタカナ表示や、反転表示、アンダーライン表示、点滅表示もできます。

図6.22 I2C接続小型LCDモジュール

実際に利用する場合には、ピッチ変換基板も一体となった製品を購入すると便利でしょう。

ここでは、これまでのデジタルやアナログと違い、シリアル通信の1つであるI2Cを使ってLCD画面に表示させます。Arduino上でI2Cを使う場合には、ヘッダーファイルの＜Wire.h＞を宣言しておく必要があります。

このI2Cによる電子部品群は、互いに連結して使うことができますが、同じ部品を並列することはできません。詳細な説明は省きますが、Arduino UNO上でI2Cを使う場合には、アナログ入力ポート

の「A4」と「A5」(もしくはSDAとSCL)を使って通信を行います。ここで注意すべき点として、このI2Cでの利用中では、他のアナログやデジタルの電子部品の使用はできなくなります。

> コラム　I2C接続小型LCDモジュールの購入については、秋月電子通商のサイトの「I2C接続小型LCDモジュールピッチ変換キット」(商品番号：K-06795)や、スイッチサイエンス社のサイトの「I2C接続の小型LCD搭載ボード」(商品番号SSCI-014076またはSSCI-014052)が購入できます。

(1) つないでみよう

ここで紹介するI2C用LCD製品は表6.2に示す3種類があります。ともにピッチ変換ピンを使い、しかもプルアップ抵抗実装済みとなっています。つまり、抵抗などの電子部品を必要とせず、直接ブレッドボード上に挿し込んで利用する製品となっています。特に詳細仕様を知る必要はありませんが、それぞれつなぎ方が異なるので気を付けるようにしてください。

表6.2　I2C-LCDの製品群とピン仕様

ピンの並び	K-06795	SSCI-014076	SSCI-014052
1	VDD (3.3V)	XRESET	XRESET
2	RESET	VDD (5V)	VDD (3.3V)
3	SCL	GND	GND
4	SDA	SDA	SDA
5	GND	SCL	SCL

このうち、5V仕様の「SSI-014076」は、直接Arduino UNO R3のアナログ入力ポートの「A2」から「A5」に挿し込むことができます。つまり、I2CのSDAとSCLのポートは、Arduinoの「A4」と「A5」を利用し、6.1 (4) 項で紹介したようにVDD (A2) とGND (A3) をデジタル出力のHIGHとLOWとして利用できます。この場合、RESETやXRESETは、特に未接続のままで構いません。

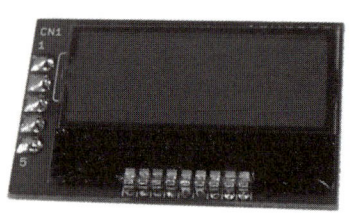

図6.23　K-06795(左)とSSCI-014076およびSSCI-014052(右)

図6.24に、Arduino UNO R3のアナログ入力ピンの「A2」から「A5」までに直接LCD（SSCI-01476）を差し込んで利用する例を紹介します。

図6.24　ArduinoとI2C-LCD(SSCI-01476)の直接接続

(2)スケッチを作成してみよう

つぎに、スケッチの作成ですが、I2Cを使用するために、前述したように、Arduinoのヘッダーファイル「Wire.h」を読み込んでおきます。また、ここで使うLCDのI2Cモジュールの基本モジュールは、章末の付録に掲載しておきます。興味ある人は、その内容を理解できるよう学習されてみてはいかがでしょうか。

ここでは、表6.3に示すLCD用の関数群を使ってスケッチを作成していきます。

表6.3　I2C-LCDのライブラリ関数一覧表

関数群	概要説明
lcd_init()	I2C_LCDの初期化
lcd_clear()	画面消去
lcd_DisplayOff()	画面の非表示
lcd_DisplayOn()	画面の表示
lcd_printStr(str)	文字列表示 str：表示する文字列
lcd_setCursor(x,y)	カーソル位置設定 x：文字カラム (0～7) y：行数 (0～1)

簡単な事例として、カウントダウンするスケッチを表記しておきましょう。

ただし、ここでのI2C-LCDの関数群（I2C_LCD.ino：第6章付録参照）は、別途**タブ画面機能**（7.2節参照）を使って、読み込んでおく必要があります。

スケッチ6.12 I2C-LCD画面上でカウントアップするスケッチ

```
#include <Wire.h>   // I2C-LCDで利用するライブラリ（必須）
void setup() {
    pinMode(A2,OUTPUT);   // VddPin
    digitalWrite(A2,HIGH);
    pinMode(A3,OUTPUT);   // GNDPin
    digitalWrite(A3,LOW);
    delay(100);   // 待機時間（必須）
    lcd_init();   // I2C LCD初期化
    lcd_setCursor(0,0);   // タイトル文字のカーソル位置設定
    lcd_printStr("** Count");   // 1行目のタイトル文字列表示
    delay(1000);
}
void loop() {
    static int i=0;   // カウント数
    char pr[8];   // カウント数表示する文字列バッファ
    lcd_setCursor(0,1);   // カウント数表示のカーソル位置設定
    sprintf(pr," No.%4d",i++);   // カウント数の文字列化
    lcd_printStr(pr);   // カウント数の表示
    delay(100);
}
```

このスケッチは、図6.24のようにLCD画面1行目に「** Count」の文字列を表示し、2行目に「No.」と表記し、カウントアップした数値を表示します。

ここでは、「sprintf」関数を使い、一度数値を文字列に変換してから、LCDに値を表示しています。

ところで「setup」関数には、2つの「delay」関数を使ったものを含めています。特に最初の「delay(100);」は、電源とGNDを設定処理の後に、「lcd_init」の処理を行っています。この「delay」がなくなると、正常にLCD表示されなくなるので注意してください。これは電圧が安定した状態になるまでの待機時間設定となります。

(3)動かしてみよう

それでは上記のスケッチをコンパイルして、表示してみましょう。図6.25のような画面が表示され、数値がカウントアップされましたでしょうか。

どうでしょう、簡単にLCDに数値が表示されたでしょうか。

図6.25 スケッチ6.12のLCD結果表示画面例

(4)応用してみよう

つぎに6.4節で紹介した超音波距離センサー（SEN136B5B）の値を、このLCDに表示させてみましょう。さらに、障害物がある閾値になった場合、つまり障害物がある範囲内（ここでは10cm以内）に近づいたときに、ブザーを鳴らし、LEDを点灯させてみましょう。

つなぎ方は、図6.26のようになります。

図6.26 赤外線距離センサー＋ブザー＋I2C－LCD 接続による応用例

それぞれの接続ピンは、つぎのようにしています。

- 超音波距離センサー（SIG：D8, VCC：D9, GND：D10）
- ブザー（プラス側：D12, マイナス側：GND）＜極性は特に関係ありません＞
- I2C-LCD（VDD：A2, GND：A3, SDA：A4, SCL：A5）

ここではスケッチ6.13を使い、入力部品が超音波距離センサーで、出力部品がLCDとスピーカの2つになります。このことを考慮した宣言やその後の処理スケッチをみていきましょう。実行結果は、図6.24のようにLCD画面に距離が表示され、障害物が10cm以内になると、ブザーが鳴り、LEDが点灯します。確認できたでしょうか。

III. ステップアップ編

スケッチ6.13　超音波距離センサーとブザーおよびI2C-LCDを使った例

```
#include <Wire.h>     // I2C-LCDで利用するライブラリ
#define SIGPin 8      // 超音波距離センサーの送受信ピン
#define VCCPin 9      // 超音波距離センサーの電源ピン
#define GNDPin 10     // 超音波距離センサーのGNDピン
#define CTM 10        // HIGHの時間(μ秒)
void setup() {
  pinMode(VCCPin,OUTPUT);   // 超音波距離センサーの電源設定
  digitalWrite(VCCPin,HIGH);
  pinMode(GNDPin,OUTPUT);   // 超音波距離センサーのGND設定
  digitalWrite(GNDPin,LOW);
  pinMode(A2,OUTPUT);       // I2C-LCDの電源設定
  digitalWrite(A2,HIGH);
  pinMode(A3,OUTPUT);       // I2C-LCDのGND設定
  digitalWrite(A3,LOW);
  delay(100);               // 待機時間(必須)
  pinMode(13,OUTPUT);       // LED設定
  pinMode(12,OUTPUT);       // ブザー設定
  lcd_init();               // I2C-LCD初期化
  lcd_setCursor(0,0);
  lcd_printStr(" Dist ");
  delay(1000);
}

void loop() {
  int dur;  // 時間差(μ秒)
  int dis;  // 距離(cm)
  pinMode(SIGPin,OUTPUT);
  digitalWrite(SIGPin, HIGH);
  delayMicroseconds(CTM);
  digitalWrite(SIGPin, LOW);
  pinMode(SIGPin,INPUT);
  dur = pulseIn(SIGPin, HIGH);   // 戻り時間の計測
  dis = (int)dur*0.017;
  char pr[8];
  sprintf(pr,"%4d cm", dis);
  lcd_setCursor(0,1);
  lcd_printStr(pr);
  if (dis<10) { tone(12,500,50); digitalWrite(13,HIGH); }  // 10cm閾値内でブザー、LEDオン
  else { noTone(12); digitalWrite(13,LOW); }   // それ以外ではオフ
  delay(50);
}
```

(5) ポイントを理解する

I2C-LCDを利用する点では、スケッチ内でつぎのような手順を踏んで利用することになります。

① ヘッダーファイル＜Wire.h＞を #include 宣言
② lcd_init 関数によって LCD 利用宣言（初期化）を行う
③ 座標値設定（lcd_setCursor 関数）と文字列表示（lcd_printStr 関数）を使って文字表示

また、カタカナ表記などは、仕様書にコード表が記載されていますので、そのコードを出力文字列に組み込んで表示することができます。こちらにも挑戦してみたらいかがでしょうか。

付録 I2C_LCD.ino 関数ライブラリ

```
#define I2Cadr 0x3e   // 固定 I2C用アドレス
byte contrast = 30;   // コントラスト(0～63)
//***** I2C_LCD 初期化関数（必須）
void lcd_init(void) {  // I2C_LCDの初期化
   Wire.begin();
   lcd_cmd(0x38); lcd_cmd(0x39); lcd_cmd(0x4); lcd_cmd(0x14);
   lcd_cmd(0x70 | (contrast & 0xF)); lcd_cmd(0x5C | ((contrast>>4) &0x3));
   lcd_cmd(0x6C); delay(200); lcd_cmd(0x38); lcd_cmd(0x0C); lcd_cmd(0x01);
   delay(2);
}
//***** I2C_LCDへの書込み
void lcd_cmd(byte x) {  // I2C_LCDへの書込み
   Wire.beginTransmission(I2Cadr);
   Wire.write(0x00);   // C0 = 0,RS = 0
   Wire.write(x);
   Wire.endTransmission();
}
//***** 画面クリア 関数
void lcd_clear(void) {  lcd_cmd(0x01); }
//***** 画面表示Off 関数
void lcd_DisplayOff() {  lcd_cmd(0x08); }
//***** 画面表示On 関数
void lcd_DisplayOn() { lcd_cmd(0x0C);  }
//===== サブ関数1
void lcd_contdata(byte x) {
Wire.write(0xC0);   // C0 = 1, RS = 1
   Wire.write(x);
}
//===== サブ関数2
void lcd_lastdata(byte x) {
   Wire.write(0x40);   // C0 = 0, RS = 1
   Wire.write(x);
}
//***** 文字の表示関数
void lcd_printStr(const char *s) {
   Wire.beginTransmission(I2Cadr);
   while (*s) {
     if (*(s + 1)) {
       lcd_contdata(*s);
     } else {
       lcd_lastdata(*s);
```

```
      }
      s++;
    }
    Wire.endTransmission();
}

//***** 表示位置の指定関数  x:桁(0～7)、y:行(0,1)
void lcd_setCursor(byte x, byte y) {
   lcd_cmd(0x80 | (y * 0x40 + x));
}
```

※利用の際は、別途「#include <Wire.h>」を呼び出す必要があります。
　また、ファイル名は「I2C_LCD.h」としてもかまいません

第 7 章

ちょっとしたティップス

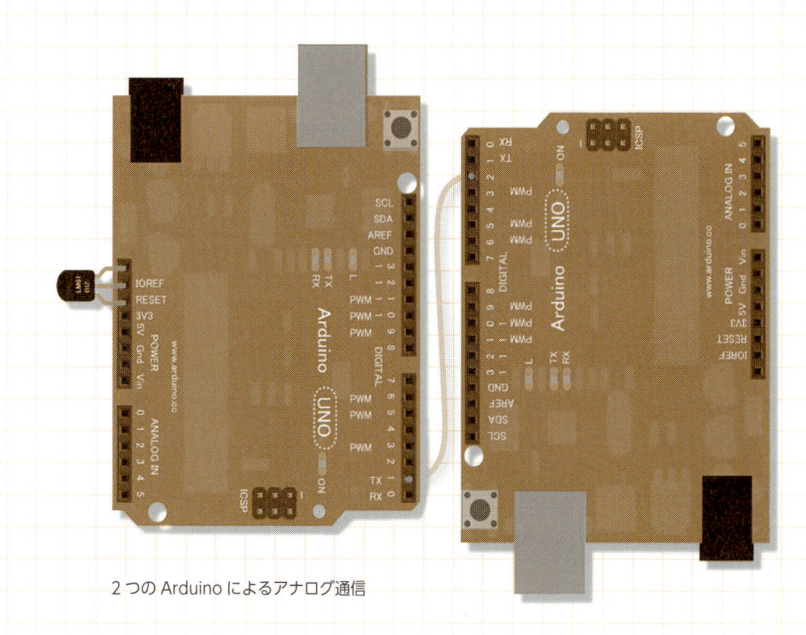

2つのArduinoによるアナログ通信

III. ステップアップ編

> インターネット上では、多くの人たちが、さまざまなセンサー部品などをArduinoに接続して試した苦労話やスケッチなどを掲載するようになってきました。まさにこれらの情報は、Arduinoの資産として、いろいろと探し出すことで、自らのステップアップに大いに役立つもの(ティップス)となってきています。
> 　この章では、Arduinoを使う上で、ちょっとした有益な情報を掲載しています。このほかにもArduinoの奥深いところなどをネットサーフィンして、Arduinoの宝物を探してみてはいかがでしょうか。
> 　ここで掲載している情報は、初心者として知っておくと便利なものです。その多くがインターネット上の情報を参照していますので、自ら効率よい情報収集に挑戦してみてはいかがでしょうか。

7.1 タイマー機能を使う

　Arduinoには、電源が入ったときからの時間をカウントアップする機能があります。なお、Arduino UNOでは、約0.004ミリ秒(4マイクロ秒)単位で時刻を読み取ることができます。この機能を使うことで、センサーの値を、ある一定の時間間隔で取得できたり、LEDを決まった時間間隔で点灯させたりすることができます。ここでは、このタイマー機能をうまく利用するための方法を紹介しましょう。

(1) タイマー機能とは

　タイマー機能は、表7.1に示す関数によって、時間を取得できるようになっています。つまり、この関数は時刻を取得できるものです。

表7.1　時刻を取得する関数

関数名	説明	戻り値
unsigned long millis()	Arduino上のプログラムが実行したときからの継続時間(ミリ秒)を返す。約50日間でオーバフローし、ゼロに戻る	実行時からの時間(ミリ秒)
unsigned long micros()	Arduino上のプログラムが実行したときからの継続時間(マイクロ秒)を返す。約70分間でオーバフローし、ゼロに戻る。ただし、Arduino UNO R3だと、4マイクロ秒間隔でカウントアップする	実行時からの時間(マイクロ秒)

　また、プログラムをある時間間隔で中断(停止)する関数もあります。これまで紹介した「delay」関数も入ります(表7.2)。

表7.2　プログラムを中断する関数

関数名	説明	待機時間	戻り値
void delay(ms)	プログラムを指定した時間(msミリ秒)だけ中断	ms(ミリ秒)	なし
void delayMicroseconds(us)	プログラムを指定した時間(usマイクロ秒)だけ中断	us(マイクロ秒)	なし

これらの関数を使うことで、ある程度の時間制御ができるようになります。ただ、実際の時刻による制御を行う場合には、別途リアルタイムクロックなどの電子部品が必要となります。

それでは、これらの関数を使ったプログラミングを紹介しましょう。

(2)一定間隔のセンサー値の取得

この時間関数を使って、一定の時間間隔で処理するためのスケッチに挑戦してみましょう。スケッチ7.1は、ある一定の時間間隔でLEDを点滅する処理をしています。ここでは、Arduino上のデジタルピン「D13」に装備されているLEDを使い、正確に1秒間隔で点灯と消灯を繰り返します。第2章で紹介したサンプルスケッチの「Blink.ino」を思い出してください。

スケッチ7.1　一定待機時間のLEDを点滅／消灯する(Blink.ino)
```
void setup() {
    pinMode(13,OUTPUT);
}
void loop() {
    digitalWrite(13,HIGH);
    delay(1000);
    digitalWrite(13,LOW);
    delay(1000);
}
```

しかし、このスケッチでは、待機関数の「delay(1000);」によって処理が1秒間中断しますが、「digitalWrite」関数を処理する時間が余分にかかっています。つまり、このスケッチでは、正確にLEDを1秒間ごとに点灯／消灯していることにはなりません。それでは、正確に1秒間隔でLEDの点灯／消灯するスケッチを紹介しましょう。

スケッチ7.2　正確に待機1秒間ごとにLEDを点滅／消灯する
```
void setup() {
    pinMode(13,OUTPUT);
}
void loop() {
    static unsigned long tm=millis();   // 時刻初期化
    digitalWrite(13,HIGH);       // LED点灯
    while(tm+1000>millis());     // 1秒以内
    digitalWrite(13,LOW);        // LED消灯
    while(tm+2000>millis());     // 1秒以内
    tm=tm+2000;                  // 時刻再設定
}
```

ここでは、loop関数内の最初にある「static unsigned long tm=millis();」によって、時刻の初期化を行っています。この「static」は、一度だけ宣言されると、ループ関数で2回目に回ってきたときには

新たに宣言することはありません。

つぎに、時間処理に関する2つの処理「while(tm+1000>millis());」と「while(tm+2000>millis());」に着目してください。この2つは、制御文の「while」関数内で、それぞれ時間が1秒経過までと2秒経過まで待機する処理となっています。つまり、先に宣言した時刻初期化から、「tm」が1秒経過するまでと2秒経過するまで、「while」文内で処理は待機することになります。

それでは、このスケッチ7.2の中の「loop」関数内の処理のフローチャートを掲載しておきましょう（図7.1）。

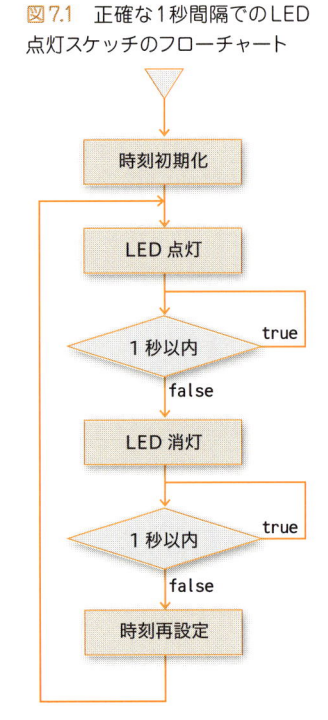

図7.1 正確な1秒間隔でのLED点灯スケッチのフローチャート

```
       ▼
   ┌─────────┐
   │ 時刻初期化 │
   └─────────┘
       │
       ▼
   ┌─────────┐
┌─▶│ LED 点灯 │
│  └─────────┘
│      │
│      ▼
│     ◇1秒以内◇──true──┐
│      │false          │
│      │◀─────────────┘
│      ▼
│  ┌─────────┐
│  │ LED 消灯 │
│  └─────────┘
│      │
│      ▼
│     ◇1秒以内◇──true──┐
│      │false          │
│      │◀─────────────┘
│      ▼
│  ┌─────────┐
│  │ 時刻再設定 │
│  └─────────┘
│      │
└──────┘
```

(3) タイマー機能の応用

それでは、次にブザーを使ったタイマーを作成してみましょう。第5章の図5.6でも紹介したように、ブザーをArduinoの「D9」と「GND」ピンに取り付け、ある指定した数値（秒）経過後にブザー（アラーム）を鳴らすものを作ります。

スケッチ7.3は、指定したタイマー時間の数値（秒）と、それを10等分した時間経過での経過時間を表示させ、タイマー時間が来た時点でブザーを鳴らすものとなります。

7.1 タイマー機能を使う

スケッチ7.3　タイマーを使った例

```
void setup() {
    Serial.begin(9600);
    unsigned long TMS = 10;
    Serial.print(TMS);
    Serial.println( " SECONDS(sec)");
    TMS = TMS*1000;   // ミリ秒に変換
    static unsigned long tm= millis();
    int i=0;
    char pr[20];
    while(tm+TMS>millis()) {
        while(tm+TMS*i/10>millis());
        sprintf(pr," count: %2d/10 : %3d sec",i,TMS*i/10000);
        Serial.println(pr);
        i++;
    }
    pinMode(9,OUTPUT);   // ブザーのピン接続「D9」
    while(1) {
        tone(9,256,500);
        delay(1000);
    }
}
void loop() {}
```

図7.2　スケッチ7.3の実行シリアルモニタ画面

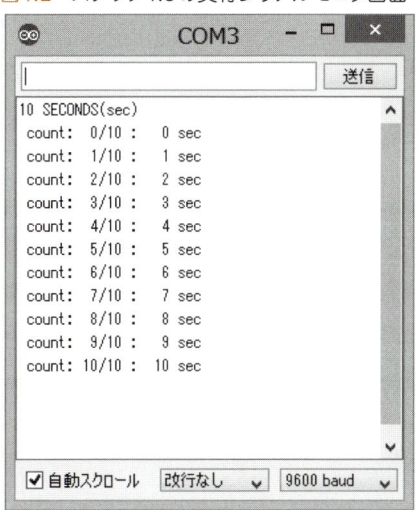

```
10 SECONDS(sec)
count:  0/10 :   0 sec
count:  1/10 :   1 sec
count:  2/10 :   2 sec
count:  3/10 :   3 sec
count:  4/10 :   4 sec
count:  5/10 :   5 sec
count:  6/10 :   6 sec
count:  7/10 :   7 sec
count:  8/10 :   8 sec
count:  9/10 :   9 sec
count: 10/10 :  10 sec
```

実行の動きとしては、図7.2のように、設定された値（TMS秒）の10分の1の間隔で、カウントダウンします。スケッチの3行目にある「unsigned long TMS=10;」の値「10」をいろいろと変えて実行してみてください。

III. ステップアップ編

7.2 複数スケッチによるタブ画面を使う

　これまでのIDEの使い方では、シングルのスケッチだけを紹介してきました。ここでは複数のスケッチを利用したプログラミングについて紹介します。つまり、複数のスケッチを同じ1つのプログラムとしてコンパイルし、Arduinoに書き込む方法となります。この場合の複数のスケッチは、分割したファイルという意味で、大きなソースコード（ソースファイル）を作成するときや、まとまった機能群を管理および再利用するときに使える便利な機能です。この機能は、モジュール化という意味を持ち、プログラミングを学ぶ上で重要なキーワードとなるので、ぜひ覚えてください。

　Arduino IDEでは、タブ画面機能を使って、複数のスケッチに分割できます。タブ画面で分割するスケッチは、関数群や定義文としてまとまったものとなります。そのため、関数群の途中などでの分割はできません。またタブ画面間で、関数や定義文の重複はエラーとなります。

　また、このタブ画面を使うことで、複数のスケッチを同じフォルダで一括管理できます。ここでは、このタブ画面を使った複数のスケッチの使い方について紹介しましょう。

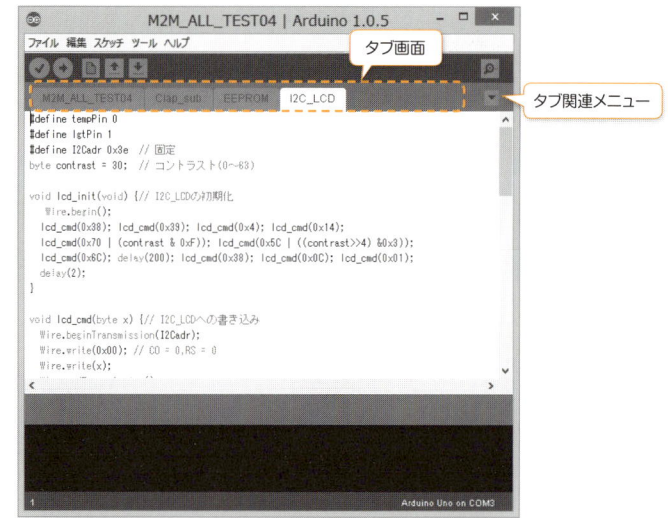

図7.3　複数スケッチを扱うタブ画面

(1) タブ画面の設定

　Arduino IDEでのタブ画面を使った複数スケッチの作成方法は2つあります。1つは既存スケッチをタブ画面に呼び出して再利用していく方法で、もう1つは新たにスケッチをタブ画面で作成していく方法です。

　既存のスケッチをタブ画面に呼び出す方法は、Arduino IDEのメニューバーにある［スケッチ］を選

7.2 複数スケッチによるタブ画面を使う

択し、その中の［ファイルを追加...］の選択によって行います。例えば、6.6節で紹介したI2C-LCDのライブラリ「I2C_LCD.ino」を使う場合には、この機能を使って呼び出すことになります。

図7.4　タブ画面に既存ファイル（スケッチ）を呼び出す

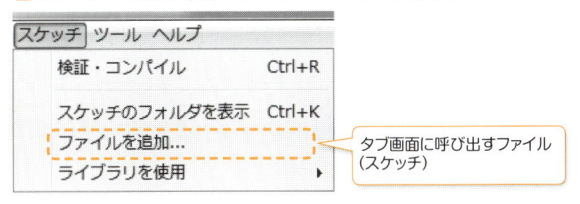

つぎに、新規スケッチをタブ画面で作成するには、Arduino IDEの右上にある逆三角形のタブ関連メニューを選択して（図7.3参照）、図7.5のようなサブメニューが表示されるので、ここで［新規タブ］を選択します。

図7.5　タブ関連のサブメニュー

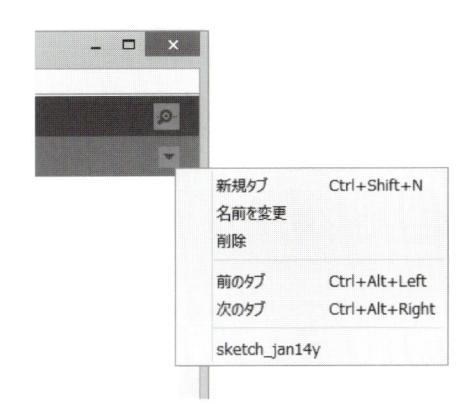

「新規タブ」を選択すると、図7.6のように新規ファイルの名前を入力する画面が表示されます。ここに英文字や数値を使って名前を入力し「OK」ボタンを選択すると、新たな名前が付けられたタブ画面が表示されます。

図7.6　タブ画面の新規ファイル（スケッチ）の名前の入力

(2) タブ画面での編集作業

複数のスケッチをタブ画面上で編集するには、タブ画面を切り替えながら行います。ファイル名が付いたタブメニューを選択することで、タブ画面は切り替えられます。なお、編集（改編）が行われたファイルには、タブメニューのファイル名の後に「§」（セクション）マークが付きます。

(3) タブ画面を使ったコンパイルおよび保存フォルダの選択

タブを使った複数ファイルのコンパイルでは、文法的には全体が1つのスケッチであるときと同じ扱いとなります。そのため、重複した変数や関数定義などがある場合には、エラーとなります。

また、タブ画面を使って作成した複数ファイルは、メインファイル名（最初に開いた左端のタブ画面）をフォルダ名にして、その配下にすべてのファイル（スケッチ）が保存されます。つまり、フォルダ名とメインのスケッチ名（拡張子「ino」）が同じ名前で保存され、そのほかのファイル（スケッチ）も同じフォルダに保存されます。

ただし、メニューバーの［ファイル］の中の［開く］から呼び出す場合には、フォルダ名と同じスケッチ名を選択して呼び出す必要があります。もし、ほかのサブスケッチ名を呼び出してしまうと、つぎのようなメッセージが表示されます。

> 「*****.ino」というファイルは、「*****」という名前のフォルダの中にある必要があります。自動的にこのフォルダを作って、ファイルを中に入れますか？

そのときには［キャンセル］を選択して、正しいメインスケッチ名（フォルダ名と同じ名前）を選択しなおしてください。

7.3 不揮発性メモリー EEPROM を使う

Arduino UNO R3には、1Kバイトの不揮発性メモリー EEPROM が備わっています。このメモリーを使うことで、Arduino の電源を切っても、データを Arduino に保管し、つぎに電源を入れたときに再利用できるようになっています。例えば、途中経過までのセンサーのキャリブレーション（調整）を行う場合、あらかじめ調整値を測定し、それを EEPROM に保管しておくことで、いちいち Arduino を起動させるたびに調整する必要がなくなります。そのほかにも、センサー値を保存したり、調整値を保存したりすることもできます。工夫次第で便利な機能となります。

(1) EEPROM の機能について

EEPROMを使うには、書き込みと読み込みの2つの関数を利用します。また、これらを使うには、ヘッダーファイルの「EEPROM.h」を読み込んでおく必要があります。ヘッダーファイルの読み込み宣言は、つぎのとおりとなります。

```
#include <EEPROM.h>
```

なお2つの関数の使い方は表7.3のとおりです。

表7.3　EEPROMを利用する関数

関数	アドレス	書き込み値	戻り値
void EEPROM.write (int adr, byte val)	adr（Arduino UNOの場合は、0〜1023）	val（単位：バイト、0〜255）	なし
byte EEPROM.read (int adr)	adr（Arduino UNOの場合は、0〜1023）	なし	指定したアドレスの読み込み値

(2) EEPROMの使い方

　それでは、EEPROMの機能について簡単なサンプルスケッチを使って紹介しましょう。ここでは、Arduinoに電源を入れるたびか、もしくはArduinoのリセットボタンを押すたびに、カウントアップするスケッチを作成してみました。

スケッチ7.4　EEPROM機能を使ったサンプルスケッチ
```
#include <EEPROM.h>   // EEPROM.hの読み込み宣言
void setup() {
    Serial.begin(9600);
    byte val = EEPROM.read(0);   // EEPROMからの読み込み
    Serial.print("Memory value: ");
    Serial.println(val);
    EEPROM.write(0,++val);   // EEPROMへの書き込み
}
void loop() {}
```

　それでは、スケッチをコンパイルし、Arduinoに書き込んで実行し、シリアルモニタ画面を表示させてみてください。リセットボタンを押すたびに、図7.7のように数値がカウントアップされていくのがわかるでしょう。また、USB電源を切り離し、再度実行してみてください。やはり、カウントアップされているのがわかるでしょう。

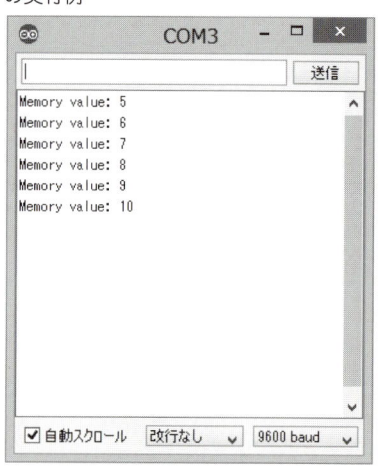

図7.7　EEPROM機能を使ったスケッチ7.4の実行例

```
Memory value: 5
Memory value: 6
Memory value: 7
Memory value: 8
Memory value: 9
Memory value: 10
```

もちろん、値が255まで行ったら、つぎは0に戻って表示されます。つまり、バイト宣言した変数「val」の値が0から255までの範囲となるため、255に1を加えると0に戻るからです。

(3) EEPROMの注意点

このEEPROMを利用する際は、書き込み頻度に制限があることに注意してください。つまり、この書き込み（消去）のサイクルにおいて寿命があるとされています。この書き込みサイクルは、最大100,000回（10万回）としていますので、何度も繰り返して使うには注意が必要となります。

それと、書き込み時間として最低3.3ミリ秒かかるとも記載されています。振動を計測する加速度や音などの瞬間的なデータを保存するには不向きなところもありますので、注意が必要です。

7.4　割込み機能を使う

Arduinoには割込み機能があります。この機能は、センサーなどの反応によって、特別な処理を並行して行うときに使います。Arduino UNOには、デジタル入出力ピンの「D2」と「D3」の値の変化によって、指定した関数を呼び出す便利なものがあります。ここでは、簡単な割込み処理のサンプルを使って紹介します。

(1) Arduinoの割込み処理とは

Arduinoの割込み処理として、外部割込み処理関数「attachInterrupt」が備わっています。この関数の仕様は、表7.4のとおりとなっています。Arduino UNOの場合は、割込み番号の0（D2ピン）か、1（D3ピン）の値の変化によって、特定の関数を呼出し実行させることができます。

7.4 割込み機能を使う

表7.4 割込み処理関数の仕様

関数	割込み番号	割込みする関数	割込み関数を実行する条件
void attachInterrup(byte int, void (*fun)(void), int mode)	int（0または1）	fun（実際にはポインタ）この関数は引数も戻り値もなしとする	mode ● 「LOW」・・・ピンの値がLOWの場合 ● 「CHANGE」・・・ピンの値が変わった場合 ● 「RISING」・・・ピンの値がLOWからHIGHに変わった場合 ● 「FALLING」・・・ピンの値がHIGHからLOWに変わった場合 ● 「HIGH」・・・ピンの値がHIGHの場合

(2) 割込み処理を使ったサンプル・スケッチ

　ここで紹介するスケッチは、Arduino上のLEDを点滅させた状態で、割込み番号0の「D2」に取り付けたタクトスイッチの値が変化するたびにブザーを鳴らすものです。これまでに何度も紹介した「Blink.ino」のスケッチに、数行加えるだけです。

　それでは、図7.8のようにブザーとタクトスイッチをArduinoにつないでください。

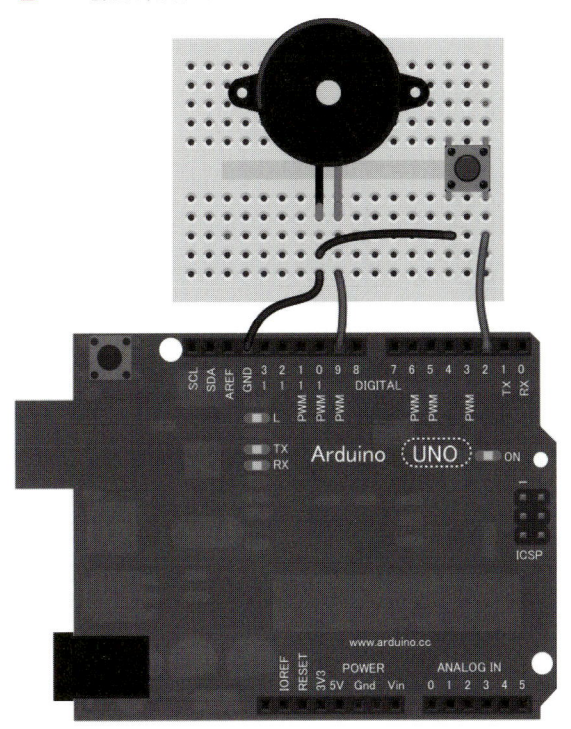

図7.8　割込み処理のためのブザーとタクトスイッチの配線

　スケッチ7.5にあるように、「setup」関数に割込み処理を設定しておきます。また、ここで割込みとして使う「buzzer」関数は、引数なしで戻り値もなしとしています。

163

スケッチ7.5　外部割込み処理関数を使ったサンプルスケッチ

```
void setup() {
    pinMode(2,INPUT_PULLUP);   // 割込みピン（タクトスイッチ）
    pinMode(13,OUTPUT);   // Arduino 上のLED
    attachInterrupt(0,buzzer,CHANGE);   // 割込み処理関数
}
void loop() {
    digitalWrite(13,HIGH);
    delay(1000);
    digitalWrite(13,LOW);
    delay(1000);
}
void buzzer() {
    pinMode(9,OUTPUT);
    tone(9,255,1000);
}
```

それでは、このスケッチをコンパイルし、実行してみてください。タクトスイッチを押したり離したりしたときに、1秒間ブザーが鳴ったでしょうか。

> 割込み関数を利用するにあたり、下記の注意事項があります。
>
> ①割込み関数の処理は短時間で終わるようにします。長い処理を実行すると、場合によっては他の割込み処理（シリアル通信など）が止まってしまい、不都合が発生します。
> ②グローバル変数を参照あるいは更新する場合は、その変数の定義において「volatile」で修飾することが必要です。

7.5　シリアル通信機能を使う

　PCとArduinoをUSBケーブルで接続すれば、シリアル通信によってデータのやりとりができます。この場合のシリアル通信は、UARTと呼ばれる単純な通信機能で、Arduino側のデジタル入出力ピンの「D0」（受信側：RX）と「D1」（送信側：TX）を使って行います。

　これまでシリアルモニタ画面にセンサ値を表示させたときに、Arduino上の「TX」と表記されたLEDが点滅したのは、ArduinoからUSBケーブルを使ってデータ送信していたからです。

　ここでは、このUARTによるシリアル通信機能を使ったいくつかの例を紹介しましょう。

図7.9　Arduino UNO上のシリアル通信ポートとLED

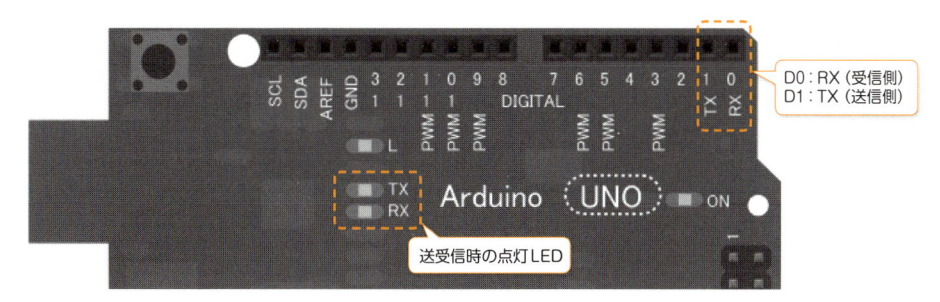

D0：RX（受信側）
D1：TX（送信側）

送受信時の点灯LED

（1）シリアル通信関係の関数

まずシリアル通信で使う関数群を表7.5に紹介しておきましょう。

表7.5　シリアル通信で使う関数群

関数	説明	引数	戻り値
void Serial.begin(int speed)	通信速度を設定し、通信を有効にする	speed：通信速度（単位pbs：ビット/秒）で、300、1200～115200まで	―
void Serial.end()	通信を無効（中断）とし、「D0」「D1」がデジタル入出力ピンとして有効利用可能	―	―
int Serial.available()	シリアルポートに到着しているバッファのバイト数を返す	―	シリアルバッファにあるデータのバイト数
int Serial.read()	受信データの読み込み（ポインタをずらす）	―	読み込み可能なデータの最初の1バイト。-1の場合はデータは存在しない
int Serial.peek()	受信データの読み込み（ポインタそのまま）	―	読み込み可能なデータの最初の1バイト。-1の場合はデータは存在しない
void Serial.flush()	受信バッファをクリア。データ送信終了後にバッファをクリア	―	―
byte Serial.print(data, format)	アスキー（ASCII）テキストデータに変換してシリアルポートへ出力	data：出力するデータ（数値や文字列） format：出力するフォーマット（BIN：2進数、OCT：8進数、DEC：10進数、HEX：16進数）、数字は、少点点以下の有効桁数	送信したバイト数
byte Serial.println(data, format)	上記「Serial.print」の出力文字の後に、キャリッジリターン「\r」とニューライン「\n」を付けて送信	―	―
byte Serial.write(val)	シリアルポートにバイナリデータを出力	―	―

これらの関数群を使って、ArduinoとPCなどの外部通信機器と送受信ができるようになります。それでは、以下に、これらの関数を使ったサンプルスケッチを紹介します。

ただし紹介した関数群は、ハードウェアシリアルと呼ばれるもので、図7.9で説明したの「TX」（＝

D1）と「RX」（＝D0）のピンを使って行います。

　これとは別に、Arduinoでは、デジタル入出力ピンを特定しないで通信ができるソフトウェアシリアル通信機能もあります。これはヘッダーファイルの「SoftwareSerial.h」を読み込んで利用します。この関数群も、ここで紹介したものと同じような関数が用意されています。ここでは、表7.6に示すような、デジタル通信ポートのどのピンを送信と受信に割り当てるかの関数だけ紹介しておきます。そのほかの関数は、インターネット上の「Arduinoリファレンス」などを参照してください。

表7.6　ソフトウェアシリアル通信で使う関数例

関数	説明	引数	戻り値
`void SoftwareSerial(int rxPin, int txPin)`	通信ポート（送信と受信）を設定	rxPin：データを受信するピン txPin：データを送信するピン	—

(2) 2つのArduinoでシリアル通信を実現

　ここでは2つのArduinoを使って、UARTによる通信を行ってみましょう。まずは、2つのArduinoを区別するため、No1とNo2とします。この2つのうちNo1のほうに温度センサーを取り付けて値を読み取りNo2に送ります。No2では、送られてきた温度センサーの値をシリアルモニタに表示させます。ただし、No2のシリアル通信で受信する場合には、ハードウェアシリアルではなく、ソフトウェアシリアルによる通信によって受信することにします。

　それでは2つのArduinoを図7.10のようにつないでみてください。ここでは、左側のArduinoをNo1とし、右側のArduinoをNo2とします。また、No1には、6.1節で紹介した温度センサー「LM61BIZ」のピンをアナログポートのA0、A1、A2に連続して挿し込んでください。また、Arduino No.1の「D1」ピンとNo.2の「D2」ピンをワイヤーケーブルでつないでください。

図7.10　2つのArduinoによるアナログ通信

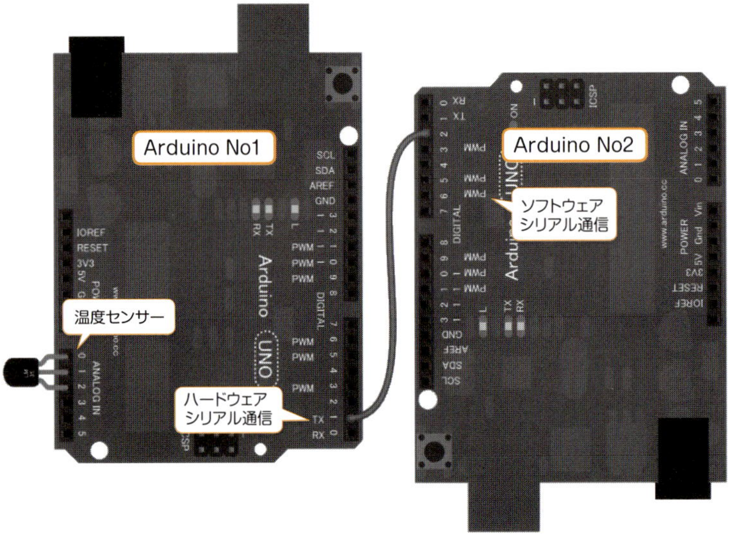

(3) 2つのArduinoのスケッチ

2つのArduinoのスケッチを紹介しましょう。先に、温度センサー取り付けたArduino No1側のスケッチを紹介します。

スケッチ7.6　Arduino No1のスケッチ（温度センサー値をTXで送信）
```
void setup() {
    Serial.begin(9600);    // Arduino No2との通信速度設定
    pinMode(A0, OUTPUT);   // A0に温度センサー「GND」ピン設定
    digitalWrite(A0,LOW);
    pinMode(A2, OUTPUT);   // A2に温度センサー「5V」ピン設定
    digitalWrite(A2,HIGH);
}
void loop() {
    float cel = ((float)analogRead(A1)/1023.0)*487.0-60.0;   // A1から温度センサー値取得
    char sc[25];
      sprintf(sc, "Arduino No1 : %d.%d C", (int)cel, (int)(cel*10)%10);
    Serial.println(sc);   // 温度センサーを含む文字列をシリアル通信で送信
    delay(500);
}
```

つぎは、Arduino No2側のスケッチを紹介します。

スケッチ7.7　Arduino No2側のスケッチ（No1からのデータ受信してシリアル画面に表示）
```
#include <SoftwareSerial.h>        // ソフトウェアシリアル通信ライブラリの設定
SoftwareSerial No2Arduino (2, 3);  // 受信側RX：D2、送信側TX：D3に設定

void setup() {
    No2Arduino.begin(9600);               // ArduinoNo1との通信速度設定
    Serial.begin(9600);                   // シリアルモニタ画面への表示通信速度設定
    Serial.println("Arduino No2 print");  // ArduinoNo2からの送信の表記文字
}
void loop() {
    if(No2Arduino.available())
        Serial.write(No2Arduino.read());   // ArduinoNo2で受信した文字をシリアルモニタ画面表示
}
```

こちらでは、2行目に「SoftwareSerial No2Arduino(2,3);」を設定し、受信ポートを「D2」ピン、送信ポートを「D3」として宣言しています（だだし、送信ポートは未使用です）。

それでは、このスケッチを動かしてみましょう。シリアルモニタ画面には、Arduino No2側のシリアルポート番号を表示させてみてください。図7.11のように、先頭に「Arduino No2 print」が表示されましたでしょうか。

III. ステップアップ編

図7.11 Arduino No2上で受信したシリアルモニタ画面

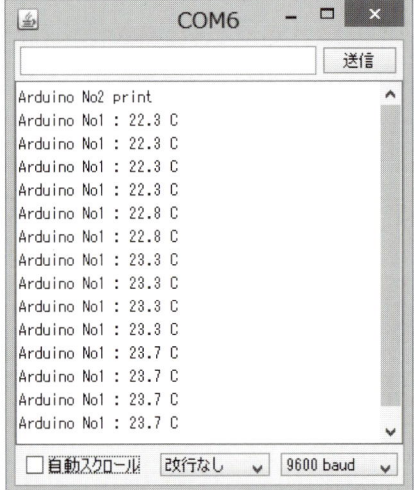

(4) PC上のキーボードからArduinoへのデータ送信

つぎはPC上のキーボードを使ってArduinoにデータを送信する方法を学びましょう。ここでは簡単な例として、USBケーブルをつないだりリセットボタンを押したりして、Arduino上の点滅時間を変えるスケッチを紹介しましょう。PCとArduinoをUSBケーブルでつなぐだけでサンプルスケッチの結果を確認できます。

スケッチ紹介の前に、図7.12にあるサンプルスケッチ実行後のシリアルモニタ画面を見てください。

図7.12 シリアルモニタ画面からのキー入力実行例

実行後、シリアルモニタ画面に「delay msec=」が表示されます。ユーザは、キーボードから、点滅待機間隔（ミリ秒）を数値で入力し、リターンキーを押します。その結果、Arduino側の「L」のLEDが入力された間隔（ミリ秒）で点滅します。繰り返し実行するには、Arduino上のリセットボタンを押し

てください。

　それでは、この動作を行うスケッチを紹介しましょう。もとになるスケッチは、これまで紹介してきた「Blink.ino」です。ここではキーボードから入力した数値（ミリ秒）を、点滅の待機時間に使っています。入力設定関数「readKeybord」の説明はしませんが、キーボードからの入力文字列を取得するのに便利なので利用してみましょう。

スケッチ7.8　PCのキーボード入力によるArduino上のLED点滅待機時間の設定

```
int dn;   // LED点滅待機時間

void setup() {
    Serial.begin(115200);
    Serial.print(" delay msec=");
    dn= readKeybord().toInt();   // キーボード入力値（整数）の設定
    Serial.println(dn);
    pinMode(13,OUTPUT);
}
void loop() {
    digitalWrite(13,HIGH);
    delay(dn);                // PCのキーボードから入力された待機時間
    digitalWrite(13,LOW);
    delay(dn);                // PCのキーボードから入力された待機時間
}
// キーボードからの入力設定関数
String readKeybord() {
    char str[100];
    char ch;
    int i=0;
    boolean sw=true;
    unsigned long tms;
    while( sw ) {
        ch = Serial.read();
        if(ch>=0 && ch<=127)
        {
            tms=millis();
            str[i]=ch;
            i++;
        }
        else if ((millis()-tms>300) && (i> 0 ))
        {
            str[i]=0;
            sw =false;
        }
    }
    return String(str);
}
```

III. ステップアップ編

> **コラム** デジタル入出力ポートの「D0」「D1」をセンサーなど他の目的で使うと、PCとの接続ができなくなります。特に、IDEからArduinoにスケッチを書込む場合にはエラーが発生するので、注意が必要です。その場合には、一度「D0」と「D1」のポートを空けてから、スケッチを書き込むようにしてください。

7.6 知ってて得するArduino情報

Arduinoに関するインターネット上の情報は、実に膨大です。これらをうまく活用してみましょう。

(1) Arduinoリファレンスについて

日本語化されたArduinoリファレンスがWebサイトで公開されています。ちょっと困ったときなどに参考になるので、活用してみてください。図7.13～14は、有名な2つのWebサイトです。ブラウザの「お気に入り」に登録しておきましょう。

図7.13　garretlab（http://garretlab.web.fc2.com/）

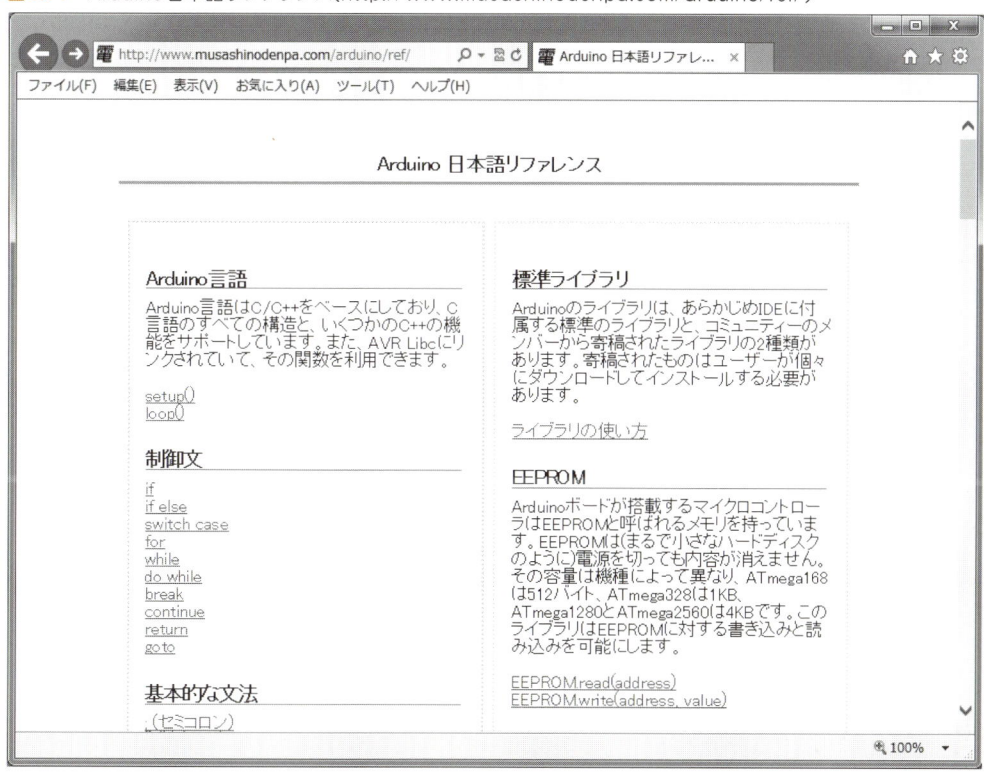

図7.14 Arduino日本語リファレンス(http://www.musashinodenpa.com/arduino/ref/)

(2) トラブルシューティングについて

　プログラムの初心者やArduinoを初めて使う人たちにとっては、トラブルはつきものです。そうしたトラブルは、やはりインターネット上の情報を探し出して解決することが早道かもしれません。「Arduino トラブルシューティング」で検索すれば、いろいろと出てきますが、その中のどれが当てはまるかはわかりにくいかもしれません。もっと具体的な内容で検索することで、より近いヒントに近づけるので、いろいろと試してみてください。

(3) 新たなセンサー類や電子部品の利用について

　さまざまセンサー類や電子部品が世の中にいろいろと出回っています。それらをArduinoにつないで使えないかと誰もが期待するところです。これもインターネット上でヒントを探し出せるかもしれません。そのときは、使いたい製品の型番や製品番号もしくは商品番号などで検索してみてください。検索結果の中には、Arduinoとの接続方法やサンプルスケッチがアップされている場合もあります。サンプルスケッチなどは、コピーアンドペーストして、簡単にArduino IDEのエディタ画面に貼り付

けて利用することもできます。

　ただし、こうしたインターネット上の情報は、必ずしも正しいものばかりではありませんので、気を付けて使うようにしてください。

　できるだけ無駄な時間を過ごすことなく電子部品を使いこなすには、簡単で短いスケッチを利用するのがいいかもしれません。長いスケッチだと、理解するのも難しく、動かすまでの時間も余分にかかるかもしれません。

(4)新たな電子部品の購入について

　インターネット上で興味の湧く電子部品を探しだして、購入してみるのも楽しいものです。それも日本のサイトだけでなく、海外のサイトからも探して、入手してみたらどうでしょうか。安価で高機能なものも入手できるかもしれません。不良品が届けられた例は少なくなっていますし、製品ぞろえがいいサイトなどは、実績もあり安心できるものと思われます。購入の際は、製品価格だけでなく、送料も確認しておく必要があります。

　ただし、一部通信機能を持つ電子部品は、法的な規制があり、日本では使えないものがあることに注意が必要です。

付録

付録1. この本で扱った電子部品(教材キット)

付録2. この本で扱った電子部品のスケッチ利用まとめ(早見表)

付録3. TABシールドの紹介

付録4. Arduino関連情報サイト

付録

付録1 この本で扱った電子部品(教材キット)

　本書で使ったArduinoおよび関係の電子部品(教材キット)は以下のとおりとなります。また本教材キットは、スイッチサイエンス社より「みんなのArduino入門：基本キット(①)」、「みんなのArduino入門：拡張キット(②)」として発売いたします。ご購入は同社のサイトからお申込みください。
http://www.switch-science.com/

- 共通部品（必須および重要部品）
    1. Arduino UNO R3 ①
    2. USBケーブル（AタイプとBタイプのコネクタ）①
    3. 普通のブレッドボード（400ピン穴）①
    4. 柔らかいジャンパワイヤ①

- 第4章
    1. 可変抵抗器（10KΩ程度）①
    2. タクトスイッチ①
    3. 傾斜センサー（RBS040200）①

- 第5章
    1. LED①
    2. 抵抗（100Ω）①
    3. 圧電スピーカ（SPT08）①
    4. 小型DCファン（NidecD02X-05TS1）①
    5. 可変抵抗器（10KΩ程度）①※

- 第6章
    1. 温度センサー（LM61BIZ）②
    2. 光センサー（CdS）②
    3. 抵抗（1KΩ）②
    4. 加速度センサー（KXR94-2050）②
    5. 超音波距離センサー（HC-SR04 または SEN136B5B）②
    6. 赤外線距離センサー（GP2Y0A21YK）②
    7. 液晶ディスプレィ I2C-LCD（K-06795 または、SSCI-014076/SSCI-014052）②
    8. 圧電スピーカ①※

- 第7章
    1. 圧電スピーカ①※
    2. タクトスイッチ①※
    3. 温度センサー（LM61BIZ）②※

※印は、重複（既出）部品

付録2 この本で扱った電子部品のスケッチ利用まとめ(早見表)

本書で扱ってきた電子部品を使う上で、必要となる入出力ポートおよび変換式などを含むスケッチの重要な部分を掲載しておきます。

電子部品	利用I/O	スケッチ利用まとめ（変換式含む）	結果、変換式、備考
可変抵抗器 (4.2節)	入力 A0 ～ A5	float val=analogRead(Ax)*/1023.0 * R	R (抵抗値)
タクトスイッチ (4.3節)	入力 D0 ～ D19	pinMode(Dx,INPUT_PULLUP); boolean sw = digitalRead(Dx);	スイッチOn：LOW スイッチOff：HIGH
チルト (傾斜) センサー (4.3節)	入力 D0 ～ D19	同上	スイッチOn：LOW スイッチOff：HIGH

LED (5.2節、5.3節)	出力
	D0 ～ D19
		pinMode(Dx,OUTPUT);
		digitalWrite(Dx,hl);
		delay(sc); // 必要な場合挿入
			hl:HIGH (=5V) または
			　　LOW (=0V)
			sc: 待機時間 (ミリ秒)

	出力※1 PWM	analogWrite(Pwm,Px);	Px：0 (0V) ～ 255 (5V)
圧電スピーカ (SPT08) (5.2節、5.4節)	出力 D0 ～ D19	pinMode(Dx,OUTPUT); tone(Dx,hz,sc);	hz: 周波数 (Hz) sc: 時間 (ミリ秒)
小型DCファン (モータ) (NidecD02X-05TS1) (5.5節)	出力※1 PWM	analogWrite(Pwm,Px);	Px：0 (0V) ～ 255 (5V)
アナログ温度センサー (LM61BIZ) (6.1節)	入力 A0 ～ A5	int val=analogRead(Ax); float cel=(float)val*0.488-60.0	val：0 (0V) ～ 1023 (5V)
アナログ光センサー (CdS) (6.2節)	入力 A0 ～ A5	int val=analogRead(Ax);	val：0 (0V) ～ 1023 (5V)

3軸加速度センサー
(KXR94-2050)
(6.3節)
	入力
	A0 ～ A5
		float Xa=digitalRead(Ax)*5.0/1023.0-2.5;
		float Ya=digitalRead(Ay)*5.0/1023.0-2.5;
		float Za=digitalRead(Az)*5.0/1023.0-2.5;
			Ax,Ay,Azは、A0 ～ A5
			重力加速度も含まれる

超音波距離センサー
(HC-SR04/SEN136B5B)
(6.4節)
	入力※2
	D0 ～ D19
		pinMode(TrigPin,OUTPUT);
		pinMode(EchoPin,INPUT);
		digitalWrite(TrigPin,HIGH);
		delayMicroseconds(CTM);
		digitalWrite(TrigPin,LOW);
		int dur = pulseIn(EchoPin,HIGH);
		float dis=(float)dur*0.017;
			TrigPin:トリガーピン
			EchoPin:エコーピン
			CTM: 待機時間 (マイクロ秒)
			測定距離は、数センチから
			4m程度

赤外線距離センサー
(GP2Y0A21YK)
(6.5節)
	入力
	A0 ～ A5
		float Vcc=5.0;
		float val=Vcc*analogRead(Ax)/1023;
		float dis= 26.549*pow(val,-1.2091)
			測定距離は、
			数センチ～ 80cm程度

液晶ディスプレイ (SSCI-014076など) (6.6節)	A4/A5 (I2C)	#include<Wire.h> (I2C_LCD.inoのライブラリ群利用)	5V系と3.3V系に注意
EEPROM (7.3節)	ー	#include <EEPROM.h> EEPROM.write(ad,val);　// 書き込み byte val=EEPROM.read(ad);　// 読み込み	ad：アドレス：0 ～ 1023 val：値 (バイト)
シリアルモニタ画面 (7.5節)	D0(RX) D1(TX)	Srial.begin(spd);　// 通信速度設定 Serial.print(str);　// 改行なし Serial.println(str);　// 改行あり	spd：通信速度9600等 str：出力文字列

※1. アナログ出力のPWM (デジタル入出力ポート：Pwm) はD3、5、6、9、10、11のいずれか。
※2. 超音波距離センサーは、超音波の入出力によって距離を算出。

付録

付録3　TABシールドの紹介

　本書の執筆中に、より簡単に、より短時間に、センサー類などの電子部品を使いこなすにはどうあるべきかを検討してきました。その結果、たどり着いたのが、ここで紹介するArduino上に取り付けるTABシールドとなります。

　試作品の開発を重ねること5台、完成したTABシールドには、多くのセンサー類やLCD、LED、スピーカなど14個の電子部品を組み合わせた拡張キットとなりました。ハードウェアを学ぶ上で、簡単な教材キットとして、さまざまな場面で使って頂けるものと思っています。すでにいくつかの学校の教育現場でもご利用いただけるまでになりました。

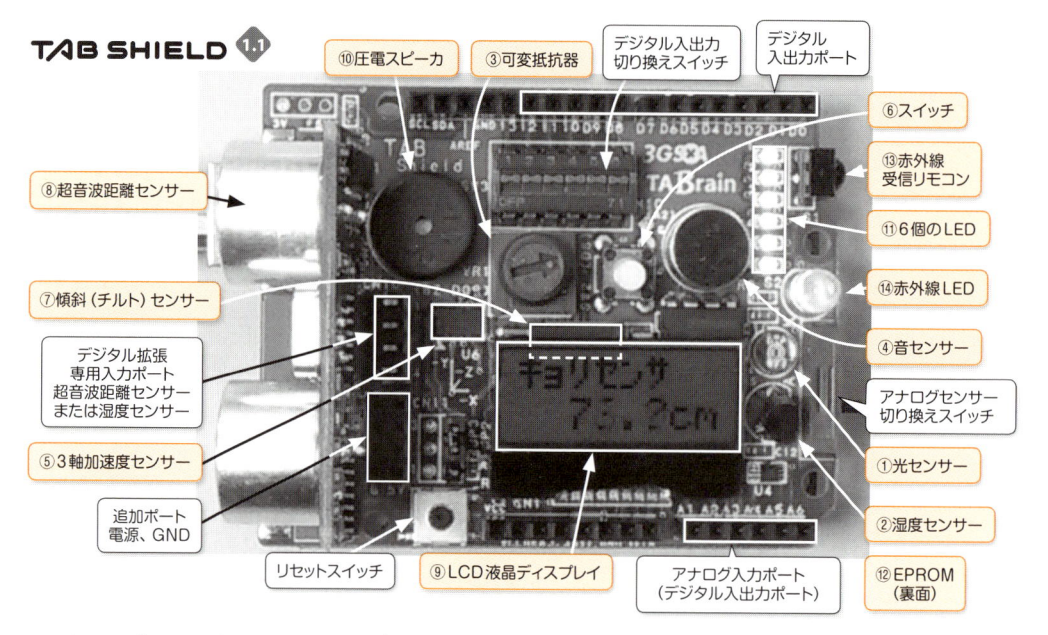

（TAB SHIELD 1.1 の写真：各部の名称）
⑩圧電スピーカ　③可変抵抗器　デジタル入出力切り換えスイッチ　デジタル入出力ポート　⑥スイッチ　⑬赤外線受信リモコン　⑧超音波距離センサー　⑪6個のLED　⑭赤外線LED　⑦傾斜（チルト）センサー　④音センサー　デジタル拡張専用入力ポート　超音波距離センサーまたは湿度センサー　アナログセンサー切り換えスイッチ　⑤3軸加速度センサー　①光センサー　追加ポート　電源、GND　②湿度センサー　リセットスイッチ　⑨LCD液晶ディスプレイ　アナログ入力ポート（デジタル入出力ポート）　⑫EPROM（裏面）

　このTABシールドのメリットは、次の4つです。
① 電子部品をいちいち買い揃える必要がなく
② はんだ付けやブレッドボードとのケーブル接続が不要
③ 抵抗やコンデンサなども考える必要がなく
④ アナログ、デジタル、シリアル通信の区別が簡単なスケッチを用意

　まさに高度なセンサーなどの電子部品を、誰もが簡単に使えるようにしたものです。知恵とアイデアによって、日常で使えるさまざまなものの開発ができるようになっています。特に赤外線リモコンは、LED照明やテレビなどのリモコン操作が簡単に習得できるようになっています。
　このTABシールドは、3Gシールドと組み合わせることで、M2M（マシンtoマシン）ビジネスでの試作品開発にも利用できるようになっています（参照サイト：http://tabrain.jp/）。

付録4 Arduino関連情報サイト

　インターネット上のArduino関係情報は、資産として豊富に散在しています。これらは、探したい検索キーによって、容易に見つけ出すことができます。困ったときとか知りたいときなど、探し出してみてはいかがでしょうか。ここでは、「お気に入り」または「ブックマーク」として登録しておくと便利なサイトを紹介しておきます。

- **電子部品の販売サイト**
    - スイッチサイエンス社 (http://www.switch-science.com/)
    - 秋月電商 (http://akizukidenshi.com/)
    - 千石電商 (https://www.sengoku.co.jp/)
    - アマゾン (http://amazon.co.jp/)

- **Arduinoリファレンス群**
    - Arduino公式サイト (http://arduino.cc/)
    - Arduino日本語リファレンス (http://www.musashinodenpa.com/arduino/ref/)
    - Arduinoリファレンス (http://garretlab.web.fc2.com/)

- **Arduino関連サイト**
    - Arduino専用CAD (http://fritzing.org/home/)
    - Arduino facebook (https://www.facebook.com/official.arduino?fref=ts)
    - Arduinoトラブルシューティング
        (http://garretlab.web.fc2.com/arduino_guide/trouble_shooting.html)

索 引

数字・アルファベット

#define 58, 128
#include 58, 59
*/ 54
/* 54
// 54
; 58
{ 58
} 58
\n 43
= 36
3Gシールド 10
3軸加速度センサー 130
analogRead 47, 81, 87, 122, 140
analogWrite 47, 99, 114
Arduino 4
　　　　Arduino Due 8
　　　　Arduino Mega 8
　　　　Arduino Uno 8
　　　　Arduino言語 50
　　　　Arduinoの可能性 8
　　　　Arduinoの機能 13
　　　　Arduinoの特長 12
　　　　Arduinoファミリー 9
　　　　Arduinoリファレンス ... 170
attachInterrupt 162, 163
Blink 33
Blink.ino 34, 35
break 66, 70
byte 55
case 66
CdS 126
char 63
COMポート 21, 23
COM番号 22
const 62
CPU 50
C言語系 50
default 66
delay 39, 154
delay(ms) 75
delayMicroseconds 75, 154
digitalRead 81, 82, 89

digitalWrite 39, 41, 100
double 55
do－while制御文 68
EEPROM 8, 160
EEPROM.h 160
EEPROMの注意点 162
else 60
fales 60, 65
float 55, 63
for制御文 67
Galileo 11
GND 44, 120
GP2Y0A21YK 138, 142
GR-SAKURA 10
HC-SR04 .... 134, 135
HIGH 39
I2C 15, 25, 48, 143
I2C_LCD.ino 150, 159
I2Cバス 48
IDE 5
IDE初期画面 21
IDEのインストール 19
if 60
if－else 61, 65
INPUT 82
INPUT_PULLUP 82, 83
int 37, 55, 63
Japanino 10
K-06795 144
KXR94-2050 130
LCD 16, 143
LED 7, 16, 102, 128
LEDに取り付ける抵抗値 101
LEDの点滅 106
LEDの明暗 107
LM61BIZ 120
long 55
loop 37, 38
loop関数 36
LOW 39
map 87
Massimo Banzi 4
micros 154
micros() 75

millis 154
millis() 75
mtone 110
noTone 111
OUTPUT 38, 82
PC-06669 143
pinMode 38, 82, 83, 89, 100
pow 140
pulseIn 136, 137
PWM 46, 99, 100
PWM制御によるLED点灯 ... 102
PWM制御による圧電スピーカの利用 ... 103
return 58
RX 164
SEN136B5B 134, 135, 147
Serial.available 165
Serial.begin 42, 165
Serial.end 165
Serial.flush 165
Serial.peek 165
Serial.print 43, 165
Serial.println 43, 165
Serial.read 165
Serial.write 43, 165
setup 37
setup関数 36
sizeof 63
SoftwareSerial 166
SoftwareSerial.h 167
SPI 15, 25, 48
SPIバス 48
sprintf 125, 127, 146
SRAM 8
SSCI-014052 144
SSCI-014076 144
static 62, 63, 155
strcat 74
strchr 74
strcmp 74
strcpy 74
String 74
strlen 74
strncmp 74
strstr 74

179

索 引

switch 66	オープンソースハードウェア 4, 5	コード変換 55
switch－case 66, 67	オプションステートメント 62	小型DCファン 113
switch－case制御文 66	オペレータ 57	固定記憶メモリー 51
tone 110, 111	音階 109	コメント 34, 36, 54
ture 60, 65	音速 133, 138	コントローラ 112
TX 164	温度計算式 71	コンパイル 50
UART 15, 25, 48	温度センサー 16, 120	
uint16_t 55		
uint8_t 55	**か・カ行**	**さ・サ行**
unit32_t 55, 110	カーソル位置 23	再起呼び出し 72
unsigned 55	改行文字列 43	算術演算子 57
unsigned int 55, 63	外部関数 71	サンプル・スケッチ 33
unsigned long 55	外部電源コネクタ 14	サンプルスケッチ 28
USBケーブル 33	鍵括弧 73	算法 70
USB電源コネクタ 14	拡張 48	シールド 7, 10
void 38, 54, 72	カソード 37, 102	時間制御関数 75
Vout 120	加速値 131	式 57
while制御文 68	加速度センサー 16, 130	閾値 128, 147
Wire.h 143, 149	型 36, 37	識別子 55
Xbee SDシールド 10	型宣言 38, 54	試作 8
	型変換キャスト 63, 122	システム変数 38, 115
あ・ア行	可変抵抗器 16, 84, 114	自動整形 22
アイスクエアシー 143	関係演算子 57	ジャンパワイヤ 44, 126
アイツーシー 143	関数 37, 58, 71	重力 132
アクチュエータ 6, 112	関数定義 37	条件演算子 128
圧電スピーカ 103	関数名 37, 58	照度 126
アップロード 35	乾電池 86	剰余演算子 57
アナログ	偽 60, 65	初期設定関数 34
アナログ出力 98	キーワード 55	初期値 36
アナログ出力ポート 15, 47	キーワード一覧 56	処理群 37, 58
アナログ入出力 47	機械語 50	シリアル通信 6, 15, 41, 132, 164
アナログ入力 80, 81, 84	極性 84, 86, 102	シリアル通信機能 48
アナログ入力ポート 14, 46, 47	空白文字 53	シリアルポート 22, 32
アナログ波形 46	駆動系 112	シリアルモニタ 21, 41
アノード 37, 102	組込み関数 38, 39, 71	真 60, 65
アルゴリズム 70	繰り返し 38, 64	新規タブ 159
イーサネットシールド 10	繰り返し関数 34, 39	数値定数 54
一時記憶メモリー 51	グローバル変数 37, 64	スケッチ 51
入れ子 64	計算式 60	スケッチ・エディタ 21
インデント 22	傾斜センサー 93	スケッチの例 33
液晶ディスプレイ 143	構造体 73	スケッチ名 21
演算関数 56	構文エラー 52	スコープ 64
演算子 57	構文ルール 50	ステートメント 58
		スピーカ 16

180

索 引

制御文	60, 64
整数型	36
赤外線距離センサー	16, 138
セミコロン	36, 58
センサー	6
ソースコード	58
ソフトウェア開発環境	5

た・タ行

待機関数	39, 41
待機時間	41
代入演算子	57, 61
タイプ	54
タイマー	156
タクトスイッチ	16, 89
タブ・ボタン	21, 23
タブ画面	158
単位	81
チャタリング	92
超音波距離センサー	16, 132, 147
チルトセンサー	93
ツールバー	21
ツールメニュー	22
抵抗	16
ティップス	154
データ型	63
テキスト・コンソール	21, 23
デジタル出力	39, 98, 100
デジタル制御によるスピーカ音の発生	108
デジタル入出力	47
デジタル入出力設定	38
デジタル入出力ポート	15, 33, 46, 100
デジタル入力	80, 81, 82, 89
デジタル波形	46
手続き関数	38, 58, 72
デバイスドライバ	23
デバイスマネージャー	23, 24, 33
デバッグ	18, 52
電圧測定	86
電源・GNDポート	15
電源とGNDのテクニック	123
同期式	48
統合開発環境	5, 6
統合開発環境IDE	18
童謡	112
トラブルシューティング	76, 171

な・ナ行

波括弧	37, 58, 64, 73
ネスティング	64

は・ハ行

配列	73
パルス幅変調	46, 99, 100
半角文字	53
ハンダ付け	44
判断	64
比較演算子	53
光センサー	16, 126
引数	38
引数群	37
ビット演算子	57
非同期式	48
ピン番号	100
ファイルを追加	159
フィジカルコンピューティング	11
ブートローダ	50, 51
フォトICダイオード	126
フォトトランジスタ	126
不揮発性メモリー	51, 160
符号付	37
符号なし整数	54
フラッシュメモリー	8
プリプロセッサ	58, 62, 128
プルアップ抵抗	82, 83
ブレッドボード	44, 45
フローチャート	40, 64
プロシージャ	38, 58, 72
プロトタイプ	8
文	58
分岐	64
文法	50
ヘッダーファイル	52, 143
変換式	81, 84
変数	37, 59
変数宣言	37
変数名	36

ま・マ行

マイクロプロセッサ	8
マイコンボード	6, 22
丸括弧	37
ミリ秒単位	39
無限ループ	39
メニューバー	21
メモリー	50
モータドライバ	112
モード	82, 100
文字	74
文字コード	55
文字列関数	74
文字列フォーマット	125
戻り値	38, 71

や・ヤ行

ユーザ定義関数	71
予約語	55

ら・ラ行

ライブラリ	52, 55
リード線	84, 89
リカーシブ	72
リターン値	38
リファクタリング	52
硫化カドミウム	126
リンク	50
ローカル変数	64
論理演算子	57

わ・ワ行

ワーキングメモリー	8

著者紹介

高本 孝頼（たかもと・たかより）　工学博士・一級建築士

2010年度に総務省「雇用創出ICT絆プロジェクト」で、モバイル教材開発に従事。その後、Arduino上で誰もが簡単に通信技術を使った開発ができる3Gシールドの普及展開を行っている。
現在：株式会社タブレイン代表取締役（http://tabrain.jp/）、NPO法人3Gシールドアライアンス代表理事（http://3gsa.org/）。
著書に、「AutoCAD 3次元ハンドブック」（共立出版）、「AutoCAD ADS入門」（オーム社）、「建築生産ハンドブック」（共著：朝倉書店）、「知的LEGO Mindstorms NXT プログラミング入門」（CQ出版）ほか。

みんなのArduino入門（アルデュイーノ）

© 高本 孝頼　2014

2014年2月17日　第1版第1刷　発行	著　者　　高本 孝頼（たかもと　たかより）
	発行人　　新関 卓哉
	企画担当　蒲生 達佳
	発行所　　株式会社リックテレコム
	〒113-0034 東京都文京区湯島 3-7-7
	振替　　00160-0-133646
	電話　　03(3834)8380（営業）
	03(3834)8427（編集）
	URL　　http://www.ric.co.jp/

本書の全部または一部について、無断で複写・複製・転載・電子ファイル化等を行うことを禁じます。

装丁・編集協力・制作　株式会社トップスタジオ
印刷・製本　　　　　　株式会社平河工業社

- 本書に関するお問い合わせは下記までお願い致します。なお、ご質問の回答に万全を期すため、電話によるお問い合わせはご容赦ください。E-mail: book-q@ric.co.jo　FAX: 03-3834-8043
- 本書に記載されている内容には万全を期しておりますが、記載ミスや情報内容の変更がある場合がございます。その場合には当社ホームページ〔http://www.ric.co.jp/book/seigo_list.html〕に掲載致しますので、ご確認ください。
- 乱丁・落丁本はお取り替え致します。

ISBN978-4-89797-948-9